はなしシリーズ

クローンのはなし

応用と倫理をめぐって

下村 徹 著

技報堂出版

まえがき

一九九七年、イギリスでクローン羊「ドリー」が誕生して世界に衝撃を与えてから、クローンという言葉をよく聞くようになった。クローン羊はわかりやすくいえばコピー羊であって、遺伝的な素質が同じ個体群である。

このようなクローン集団が生まれるのは、無性的な生殖を行っている生物の場合で、アメーバやゾウリムシなどの単細胞動物がその例である。多細胞動物のプラナリアなどは有性生殖によって増えるが、分裂を繰り返して無性的にクローンをつくることも知られている。しかし、無性生殖によってクローンをつくるのは一部の動物群に限られており、大部分の動物は有性生殖によって増えるので、これらの動物からクローンが生まれることはない。

哺乳動物の場合、子は通常有性的な生殖によって生まれ、両親の双方から遺伝子を受け継ぐため、雄親または雌親いずれのコピーでもない。したがって、子は親のクローンではない。子同士でも遺伝子組成は少しずつ異なるので、子同士もクローンではない。唯一の例外は一卵性双子の場合であって、この場合は双子同士がクローンである。つまり自然の状態では、一卵性双子の場合を除き、哺乳動物のクローンは存在しないのである。

では、植物の場合はどうだろうか。カーネーションなどが挿し木で増やせることをご存知の方は多いであろう。これは無性的な繁殖なので、挿し木で新しくつくられるカーネーションはクローンである。挿し木では人の手が加えられているが、ユリなどの球根やジャガイモのいも（塊茎）などは、人の手が加わらない自然の状態で無性的に繁殖して、それぞれがクローンをつくる。

このように、植物の分野では古くから「クローン」が使われてきた。しかし、ランの組織培養苗などに対して用いられていたものの、広く一般に使われていたわけではない。動物の場合は通常、自然の状態でクローンは存在しないので、人為的な操作でクローン動物がつくられて以降の言葉である。したがって、クローンという言葉が動植物を通じ一般的になったのは最近のことなのである。

クローン技術という言葉も、クローン羊「ドリー」誕生の前後からよく聞かれるようになった。動物では核移植など、植物では組織・細胞培養などの人為的操作によって無性的にクローンをつくることができるから、これらの技術はクローン技術である。クローン技術では、有用な動植物のクローンをつくれるばかりか、その数を効率よく増やせるので、この技術は遺伝子組換え技術と組み合わせて使われることが多い。クローン技術は、遺伝子組換え技術によって新しい形質をもった動植物をつくる場合にも、また遺伝子組換え技術によってつくられた動植物を維持、増殖するためにも、欠くことのできない技術なのである。

動物のクローン技術は、医薬品の製造や医療への利用も可能とはいえ、究極的にはクローン人間づくりにつながりかねない技術であることから、その安全性や倫理が議論の的になっている。植物のクローン技術は、世界の食糧生産を飛躍的に高め、飢餓を救う技術とされるが、遺伝子組換え作物の食品としての安全性や、組換え作物の野外栽培による生態系撹乱の危険性が議論されている。安全性の評価は倫理と切り離せないと考えられているが、動植物のクローン技術が抱えているこれらの倫理的課題の検討が科学技術の進歩に追いついていないという指摘もある。倫理もまた時代とともに変わっていくであろうから、統一された倫理基準を確立するのは容易ではないのである。

科学技術には光があたる面と陰になる面とがあり、技術を利用する側での使い方が肝要だといわれる。しかし、現在の科学の水準で予測できないリスクのために、社会全体にメリットをもたらす可能性を秘めた革新的技術を一概に否定してよいのかどうか、冷静な判断が必要になってくる。

「ドリー」誕生後、クローンについての解説書が多く出版されてきたが、ほとんどは動物のクローンの解説書であって、動植物のクローンを一人の視点から書いたものはあまり見当たらない。本書は一般の読者を対象に、動物と植物双方のクローン技術を基礎からわかりやすく解説することに重点をおいて記述した。動物と植物では操作の技術に違いがあるものの、クローン技術としての利用面や抱えている問題には、意外と共通点がみられるのである。

前にも述べたように、動植物のクローン技術は遺伝子組換え技術と組み合わせて使われる場合が多く、その理解に遺伝子と遺伝子組換え技術の知識を欠くことができない。第二章にはクローン技術にかかわる遺伝子の仕組みと働きについての節を設けたが、現在では遺伝子の集団もクローンと呼ばれているから、遺伝子のクローンをつくるこのような遺伝子組換え技術もクローン技術であるといえよう。

全体は六つの章からなり、第一、二章ではクローンと遺伝子についての基礎的知識、第三、四章では動植物のクローン技術の概要、第五章ではクローン技術の医薬と医療への応用、第六章ではクローン技術の倫理的課題を解説する。

動植物のクローンがどのような操作によってつくられ、つくられたクローンが動植物の生産や医療にどのように利用されているのか、その現状と今後の進展、それにからむ倫理的課題などをわかりやすく述べたい。

目次

第二章　遺伝子とは何か
――クローン技術にかかわる遺伝子の仕組みと働き……15

植物病原細菌を利用する／遺伝子組換えの方法／今までにつくられた遺伝子組換え植物

第四章 動物でのクローンづくり
——クローン動物はどのように利用されているか……………95

1. クローン増殖を行った場合の利点は何か　96
2. クローン技術を支える基礎的技術
   人工授精／受精卵の発生過程／体外受精／土台となる受精卵移植（胚移植）技術　98
3. 胚を操作して動物のクローンをつくる
   一卵性多子を生産する／雌雄生み分けは可能か　101
4. 核移植によって動物のクローンをつくる
   受精卵を用いた核移植とは／体細胞を用いた核移植とは／体細胞を用いた場合の利点／胚性幹細胞（ES細胞）を核移植に利用できるか　106
5. 遺伝子組換え動物のクローンをつくる
   遺伝子を核の中へ入れるマイクロインジェクション法／遺伝子をES細胞に入れて導入の効率を高める方法／スーパーマウスの誕生　116
6. 染色体を操作して雌の魚のクローンをつくる
   雌の魚だけを発生させる技術／雌の魚だけを量産する方法／三倍体の魚は大きくなる／雌の魚のクローンをつくる方法　119

第一章　クローンとは何か

──自然界でのクローンと人為的操作によるクローン

クローンとは、無性的な生殖によって生じた遺伝子型（遺伝子構成）が同じ個体群のことをいうが、現在ではこのような個体群だけでなく、バイオテクノロジーなどの人為的操作によって無性的に得られた細胞や遺伝子の集団もクローンと呼んでいる。

一般に生物では、無性的な生殖によってクローンをつくるものはごく一部であって、大部分の生物は有性的な生殖によって増えるが、自然界で有性的な生殖を行っている生物でも人為的にクローンをつくれる場合がある。例えば、植物では挿し木などによって無性的に個体を増やせることがよく知られており、植物の組織のごく一部を切り取って培地上で培養（第三章2）してもクローンをつくることができる。動物でも、クローン羊が話題になったように、さまざまな人為的操作（第四章）によってそのクローンをつくることが可能なのである。

本章では、自然界でのクローンと人為的操作（クローン技術）によるクローンについて説明し、クローン技術が動植物の生産技術として注目されるようになった経緯を述べる。

1. 自然界では無性的にクローンがつくられる

動植物ともに有性的な生殖では、雌雄の遺伝子が混合して新しい個体ができるので、親と子の遺伝子型は同一にならない。しかし、人為的操作によるクローンづくりを含む無性的な生殖では、遺伝子の混合なしに個体ができるので、親子が同じ遺伝子型をもつことになるのである。

本書でとりあげるのは、いずれも人為的操作によるクローンづくりであるが、自然界で無性的な生殖を行っている生物にはどのようなものがあるのだろうか。最初にこれらの例をあげたい。いずれも園芸植物（果樹、野菜、花卉《かき》など）で、挿し木や接ぎ木などは人の手で人為的に行われるが、これらは最近の組織・細胞培養などの人為的操作によるクローンづくりとは区別して、自然界で無性的に行われているクローンづくりの例に含めている。無性的な生殖をしているものには、園芸植物のほかに、原生動物、細菌、ウイルスなどがある。

植物のクローン

植物は一般的に種子で繁殖させる（これを有性繁殖という。植物では有性生殖という用語はあまり用いられない）が、木本性の植物や多年性の園芸植物では種子で繁殖させる種類は少なく、挿し木や接ぎ木などで繁殖させる（栄養繁殖または無性繁殖という）のが普通である。園芸植物の主なものは、いずれも長年にわたる交雑によって育成されているため、種子を播いて有性繁殖すると、花型、花色、草勢あるいは果実の形、味、色などの形質（遺伝的性質）のばらつきが著しくなり実用にならない。そこで栄養繁殖（クローン増殖）が、遺伝的に同じ園芸植物を得るための欠かせない技術となってくる。

挿し木は、ブドウなどの果樹やキク、ベゴニア、カーネーションなどの花卉の繁殖に、接ぎ木はリンゴ、モモ、カキなどの果樹の繁殖に用いられている。このほかに、鱗片で繁殖させるユリ、アマリリス、ヒヤシンスなどの球根類、塊茎を分割して繁殖させるジャガイモ、ランナー（ほふく枝）で繁殖させるイチゴ、オリヅルランなども栄養繁殖植物で、栄養繁殖によって得られる植物はいずれもクローンである。

動物のクローン

動物の場合は後述の原生動物など一部のものを除き、通常の生殖方法をとる限り、すべて有性生殖となる。子は両親の遺伝子を受け継いで、その混合の割合も少しずつ異なるので、同じ親から生まれた子の間でも遺伝子構成は部分的に異なっている。一卵性双子などが生まれる特殊な場合を除くと、自然の状態ではクローン動物は存在しない。クローンは第四章で述べるクローン技術によってのみ得られるのである。

原生動物は単細胞動物の総称で、いずれも運動性をもち細胞壁をもたない。その運動性や形態は多様で、アメーバ、せん毛虫、べん毛虫、胞子虫と呼ばれるグループに分けられる。二分裂、多分裂、出芽などの無性生殖によってクローンをつくるが、一部には有性生殖するものもある（第二章6）。

多細胞動物で有性生殖するクラゲ、プラナリア、ホヤ、コケムシなども、その生活史のある時期に、無性生殖によるクローンをつくることが知られている。

細菌のクローン

細菌の多くは単細胞で、かたい細胞壁をもっている。DNAは染色体構造をとることなく、裸の単分子DNAとして細胞質内に分散し、核膜に包まれることがない、いわゆる原核生物である。二分裂、多分裂、出芽など多様な無性生殖によってクローンをつくる。

大腸菌を例にとると、栄養条件がよいと二〇分程度で分裂を繰り返すので、短時間で大量のクローンを得ることができる。大腸菌の細胞内にあるプラスミド（核外遺伝子）は、遺伝子組換え技術で遺伝子の運び屋（ベクター）として利用されている。特定の遺伝子DNAを、大腸菌から取り出したプラスミドに組み込み、これを元の宿主の大腸菌に導入すると、大腸菌の増殖に伴って特定の遺伝子DNAを増やすことができる（第二章7）。このDNA分子の集団も新しい解釈でのクローンである。一部の細菌では、有性生殖するものもある（第二章6）。

ウイルスのクローン

ウイルスはDNAまたはRNAを遺伝子としてもち、遺伝子とこれを包む外被タンパク質から構成された、細菌よりも小さい遺伝因子（生物とはいえない）である。細菌や動植物の細胞内で増殖するが、細胞内でのウイルスの増殖で細胞はしばしば死ぬので、ウイルスは多かれ少なかれ病原性をもっているのである。細菌に病原性をもつウイルスは、バクテリオファージ（単にファージともいう）と呼ばれる。細菌にファージが感染すると、ファージのタンパク質は菌体外に残ってＤＮＡだけが細菌の内部に注入され、そこで増殖して多数の子ファージ（クローン）が生まれる。二〇分程度で細菌は溶けて、子ファージが遊離してくる。ファージも、遺伝子組換え技術によって細菌へ外来遺伝子を導入する場合のベクターとして利用されている。ファージのほかに、植物に病原性をもつ植物ウイルスと、動物に病原性をもつ動物ウイルスがある。両ウイルスとも、植物または動物へ外来遺伝子を導入する場合のベクターとしての利用が試みられている。

2. クローンは人為的操作によってもつくられる

前節では、自然界で無性的に行われているクローンづくりを述べたが、ここでは、動植物で初期の頃に行われた人為的操作（クローン技術）によるクローンづくりと、最近行われるようになったＤＮＡのクローンづくりについて述べたい。

ニンジン一個の細胞からのクローンづくり

アメリカのスチュワードらが、ニンジンの細胞を無菌的に培養して、その一個の細胞から完全な植物体を再生することに成功したのは一九五八年である。ニンジンの篩部《しぶ》（体内物質移動の通路）の細胞群を取り出して、これをココナッツミルクの入った液体培地に入れて回転培養した。やがて細胞群はほぼ一個ずつの細胞に分かれたので、これらの細胞を寒天の入った培地上におき、さまざまな植物ホ

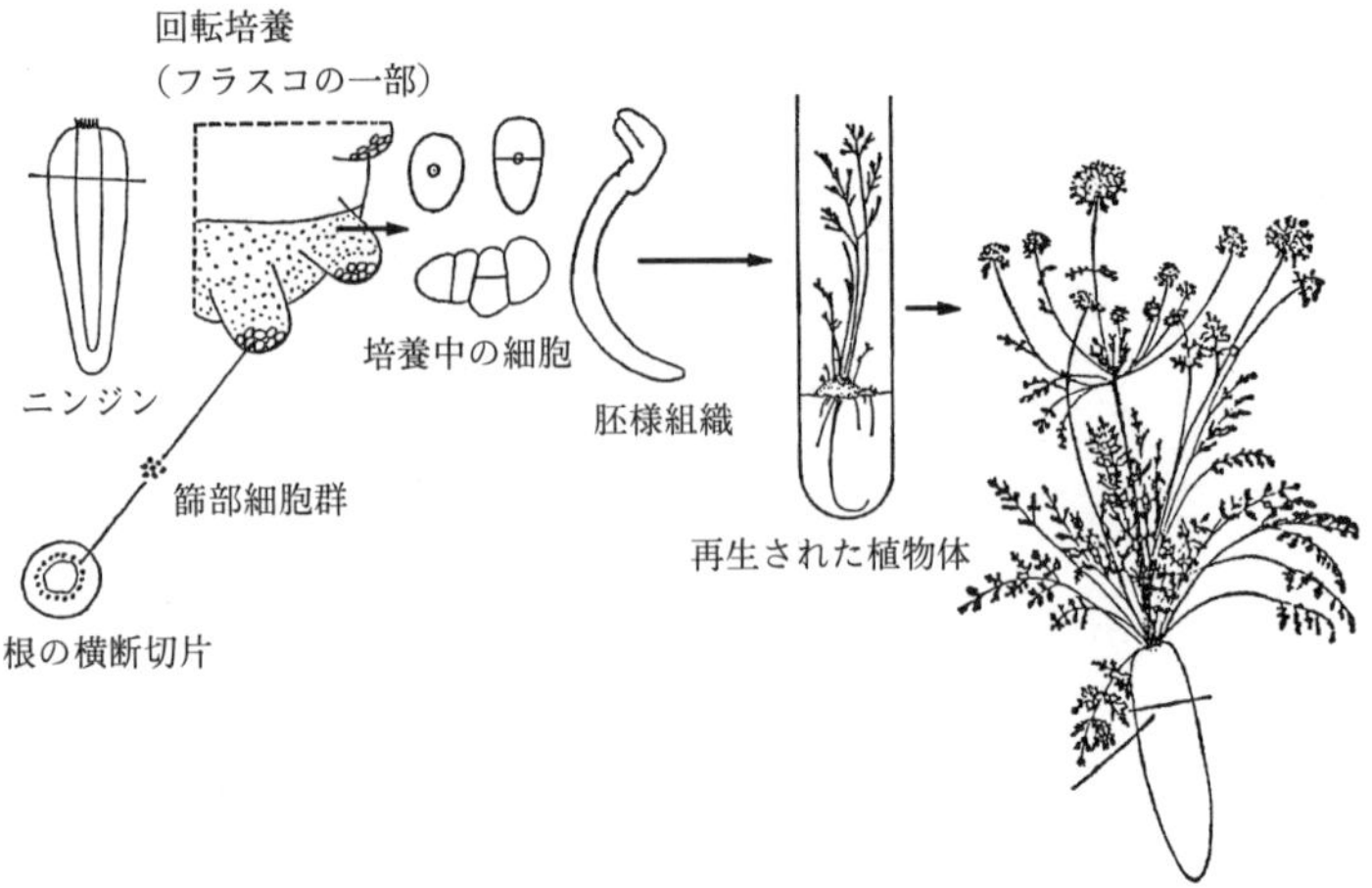

図1・1　ニンジンの細胞からの植物体再生（Steward, 1958）

ルモンで処理したところ、細胞は分裂を始め、胚様組織（受精卵からの胚に似た組織）を経て幼植物体を形成したのである（図1・1）。

当時はこの実験結果に疑いをもつ研究者もいて、本当に一個の細胞から植物体が再生されたのかと疑問視されていた。しかし、数年後には他の植物種でもこの結果を支持する論文が発表されたため、スチュワードらの結果は学会で認められることになった。

この実験結果は、一つの植物細胞に全植物体を形成するだけのすべての遺伝情報が備わっていることを示している。一つの細胞からでも完全な植物体が再生されるこのような能力は、分化全能性と呼ばれる。このおかげで、遺伝子組換えや細胞融合などの技術によって新しい形質をもった植物体をつくることができるのである（第三章5、6）。動物では、受精卵（これも一つの細胞である）から個体のすべての細胞が分化するので、受精卵に分化全能性があると考えられている。

動物でのクローンづくりはカエルから

動物でも、カエルのような脊椎動物では、比較的簡単にクローンをつくることができる。一九五二年にアメリカのブリグスとキングは、ヒョウガエルの未受精卵を細いガラス針で刺激して発生を促したのち、同じ針で核を取り除いた。これに、同じ種の胞胚（卵割期に続いて原腸が形成されるまでの胚）の一個の細胞からとった核を移植したところ、卵は発生を始めてオタマジャクシにまで生長した。いわゆる核移植の最初の成功例で、この実験により、胞胚の細胞にも完全な分化能力が残っていることが明らかになった。

同じような方法で、一九六六年イギリスのガードンらは、アフリカツメガエルの小腸上皮細胞を使った核移植を行い、クローンカエルを得ることに成功した。すでに分化した腸細胞の核にも個体を発生させる能力のあることがわかり、論議を呼んだ。この実験では腸細胞から個体が再生されているが、未受精卵の支援を受けているので、先に述べた分化全能性とは多少意味が異なる。

哺乳動物では、カエルの場合と違って卵が母親の体内で発生するため、いろいろと難しい問題があるが、現在では哺乳動物でも核移植によるクローンづくりに成功している（第四章4）。

最近行われているDNAのクローンづくり

前に述べたように、クローンは、無性的な生殖によって生じた遺伝子型が同一の生物の個体群を指していたが、細菌やウイルスのように単一の細胞や一個の粒子に由来すると考えられる子孫の集団、さらには遺伝子の集団に対してもこの用語が使われるようになった。

一九七三年、アメリカのコーエンとボイヤーが開発した遺伝子組換え技術（第二章7）によって、均一のDNA分子の集団（クローン）が大量に得られるようになった。この技術は遺伝子構造の解析ばかりか、有用な動植物の作出や有用物質の生産など多方面で利用されている。

均一のDNA分子のクローンを大量に増やすこれらの操作はDNAのクローニングと呼ばれ、クローン技術などの人為的操作によって動植物などのクローン個体を増やす操作もまたクローニングと呼ばれるようになった。

3. クローン技術はバイオテクノロジーと不可分の関係にある

クローン技術は、バイオテクノロジーの一技術であるが、バイオテクノロジーのその他の技術とはどのような関係にあるのだろうか。また、クローン羊の誕生でクローズアップされるまで、クローン技術ではどのような研究が行われてきたのであろうか。

バイオテクノロジーの幕開け

バイオテクノロジーをごく簡潔に定義すると、「生物の機能を利用した技術」といえる。二〇世紀の科学技術は物理学や化学を基礎に発展してきたが、これからは生物の機能を重視した科学技術の推進が期待されており、二一世紀は「生物の世紀」ともいわれる。それまで遅れていた生物学に物理学や化学の新しい知識が導入され、徐々にその姿を変えてきたが、バイオテクノロジーの発展が、まさに生物学に革命をもたらしたのである。

「生物の機能を利用した技術」にはどのような技術が含まれるのだろうか。もう少し具体的に述べると、遺伝子組換えや細胞融合などによって新しい機能をもった微生物や動植物をつくりだし、これらを大量に増やし、食糧、エネルギー、医薬品などの生産に、あるいは環境の浄化などに利用できる技術といえよう。このようなバイオテクノロジーは、農林水産業のほか、化学工業、医療、環境などの幅広い産業分野で利用されている。

一九五三年にワトソンとクリックによってＤＮＡの構造が解明されてから、遺伝子の構造と機能に関する研究が世界の研究者により精力的に進められた。一九七三年に、コーエンとボイヤーによって遺伝子組換え技術が確立されたのち、アメリカのベンチャービジネスがインスリンやヒト成長ホルモンを遺伝子組換え技術によって生産することに成功し、一九八〇年頃にはバイオテクノロジーが実用の域に入った。日本でもその頃からバイオテクノロジーの技術が導入されている。

バイオテクノロジーとクローン技術

バイオテクノロジーの技術領域を表１・１に示した。この表は技術領域を概観するための一つの参考資料であって、あくまで便宜的なものであることをお断りしておく。

表に示す技術領域の中で、組織・細胞培養の項目に含まれている技術はすべて植物関連のものであり（動物の受精卵の体外培養や細胞培養はここでは省いてある）、いずれも植物の組織や細胞を培養する技術を基幹にしたクローン技術であるといえよう。遺伝子操作の項目に含まれている遺伝子組換え（組

表1・1　バイオテクノロジーの技術領域

項　目	各項目に含まれる技術
遺伝子操作	遺伝子組換え（組換えDNA） 細胞融合 一卵性多子生産，核移植 受精卵移植（胚移植） 染色体操作
組織・細胞培養	茎頂培養 種苗の大量生産 胚培養 葯培養，花粉培養 有用物質の生産
微生物・酵素利用	バイオリアクター，バイオセンサー バイオマス バイオ農薬 発酵工程の改良 環境浄化

換えDNAともいう）と細胞融合は、植物と動物の双方で利用されているが、有用な植物をこれらの技術によってつくり、これを維持・増殖させるためには、やはり組織や細胞を培養するクローン技術が必要になる。

また、動物の各技術をいずれも遺伝子操作の項目に含めているが、この中で一卵性多子生産と核移植（この技術では、ドナーとレシピエントの両細胞同士の細胞融合を必要とする。第四章4）は、クローン動物作出を目的にしたクローン技術である。動物の遺伝子組換えによって有用な動物をつくり、これを増殖させる場合にも、核移植などのクローン技術を欠くことはできない。受精卵移植（胚移植ともいう）は、遺伝子操作の項目に含まれる各技術（染色体操作を除く）の基幹技術であるといえよう。いずれの遺伝子操作も卵や受精卵に操作する必要があり、操作後は他の借り腹雌の子宮に移植することによって子を得なければならないからである。

このようなわけで、植物と動物の生産に関連のあるバイオテクノロジーは、いずれもクローン技術と不可分の関係にあり、とくに遺伝子操作の項目の染色体操作は、魚のクローン作出に必要な技術なのである。

表の微生物・酵素利用の項目に含まれる各技術には、一般食品工業や化学工業など幅広い産業分野で利用されているバイオリアクターやバイオセンサー、主としてエネルギー資源としての利用が考えられている森林や海洋のバイオマス、化学農薬に頼らず微生物などを利用して病害虫を防除するバイオ農薬、アルコール製品や味噌・醤油などの発酵工程における微生物の改良、あるいは環境浄化のための微生物の利用、などが含まれる。これらもクローン技術と無縁ではない。微生物・酵素利用の項目に含まれる各技術では、遺伝子のクローニングが行われる場合が多いからである。

クローン技術の進展

バイオテクノロジーは一九八〇年頃から実用の段階に入ったが、植物では茎頂培養によるウイルスフリー植物の作出、種苗の大量生産、胚培養などの組織・細胞培養を土台にしたクローン技術が、いずれも一九六〇年代には実用面で成果をあげていた。ウイルスフリー植物の作出は、フランスのモレルらによって一九五二年に確立された技術で、日本ではこのような茎頂培養がバイオテクノロジーの技術として見直され、一九八〇年代に入ってからもウイルスに感染した多くの園芸植物を対象に、ウイルスの除去が試みられた（第三章3）。

細胞融合では、西ドイツのメルヒヤースらが一九七八年、ジャガイモとトマトの細胞融合によって両作物の形質を併せもった「ポマト」を作出し、豊かな可能性を秘めたバイオテクノロジーの輝かしい成果として世界の注目を集めた。その後日本においても、細胞融合の研究は活発に進められた（第三章5）。

遺伝子組換えでは、除草剤の耐性遺伝子を導入した作物や、殺虫タンパク質の遺伝子を導入した作物が一九八〇年代の後半にアメリカで作出された。このような遺伝子組換え作物はすでに日本に輸入されていて、食品としての安全性が問題になっていることはいうまでもない。日本では、もっぱらウイルス抵抗性作物の作出に関する研究が進められてきた（第三章6、第六章1）。

動物でのクローン技術はどうであろうか。植物の場合は一個の細胞から植物体をつくることができたが（第一章2）、この場合の細胞は体細胞であった。動植物の体を構成している細胞は体細胞と呼ばれ、生殖のために特別に分化した生殖細胞とは区別されている。植物と異なり、動物では体細胞を培養してもそのままでは個体にならないので、新しい動物の個体をつくるためには、生殖細胞（卵や精子）や受精卵（胚）の操作が必要になる。操作後は他の雌の子宮に移植（受精卵移植）して子を得るのである。

動物の場合にも、ウイルスフリー植物などを作出する技術と同様に、バイオテクノロジー研究がブームになる前、すでに実用化され、現在ではバイオテクノロジーの範疇に加えられている技術があり、それが受精卵移植である。つまり、植物では組織・細胞培養が、動物では受精卵移植がクローンをつくる場合の基幹技術になり、新しいクローン技術すべての土台になっている。

動物では、受精卵をメスで切断、分離して一卵性多子を生産する技術が一九八〇年代から実用化されてきた（第四章3）。この方法では、せいぜい四つ子の生産までが限度とされている。一九五二年に初めてカエルで行われた核移植による生産ではこのような限度がないため、クローン動物を作出する技術として注目されているのである。受精卵を用いた核移植では、一九八三年にはマウスで、一九八六年にはヒツジでクローンをつくることに成功したと報告されたが（第四章4）、体細胞を用いた核移植ではどうであろうか。体細胞は完全に分化した細胞であるから、このような細胞から新しい個体をつくれるかどうか、発生学的にも興味深い問題であった。哺乳類では、分化した細胞を未分化の状態に戻すのは困難と考えられていたからである。このような問題に解答を与えたのが、クローン羊「ドリー」の誕生であった。

クローン羊「ドリー」の誕生

一九九七年二月、クローン羊がイギリスのロスリン研究所で誕生したというニュースが世界を駆け巡った。体細胞を用いた核移植によるクローン羊「ドリー」の誕生である。これにより、いったん分化した細胞からも個体がつくれることが明らかになった。

受精卵を用いた核移植によって生まれる子は、両親の遺伝子を受け継いで一卵性多子となる。しかし、ロスリン研究所のウィルムットらの体細胞（この場合は乳腺細胞）を用いた核移植によって生まれる子は、体細胞を供与した親（この場合は雌親）の遺伝子を受け継いで親のコピーとなる（詳細は第四章4）。乳腺細胞は培養によって増やすことができるから、この方法では親と同じ遺伝子組成をもったヒツジを無限につくることができることになる。ヒトに同じ方法を用いると、理論的には人間のクローンが無限につくれるということで、全世界に衝撃を与えたのである。

「ドリー」誕生一年後の一九九八年、日本でも近畿大学の角田らが体細胞のクローン牛「のと」と「かが」を誕生させることに成功した。体細胞は雌の卵管から採取したものを用い、「ドリー」と同じような方法がとられた。クローン羊やクローン牛の作出はたまたま成功したのでなく、それまでに技術の基盤が着々と築かれていたのである。

第二章　遺伝子とは何か

――クローン技術にかかわる遺伝子の仕組みと働き

クローン技術の理解を深めるには遺伝子の知識が必要なので、この章では、遺伝子の構造と機能、生物進化の過程での遺伝子のかかわりと性の誕生、遺伝子組換え技術、ゲノム解析などについて解説する。ここで述べるのは、大腸菌（微生物）での遺伝子組換えであって、植物や動物での遺伝子組換えでは、これとは別の工夫が必要である（第三章、第四章）。

昨今では、遺伝子、ＤＮＡ、ゲノムなどの用語が新聞・雑誌やテレビにも頻繁に登場し、一般人が社会生活をするうえでも、遺伝子やＤＮＡの知識は欠かせなくなっている。

しかし、この分野の性格上、専門用語を使わずに説明することは難しい。理解しにくいと感じる部分があれば、読み飛ばしてもらって結構である。細部はわからなくとも、おおよその理解は得られると思う。

1. DNAは自分のコピーをつくりタンパク質をつくる

DNAの二重らせん構造

遺伝子の化学的本体がDNA（デオキシリボ核酸）であることはよく知られている。ワトソンとクリックによるその構造の解明が、以降の分子生物学のめざましい進展を支えた。今日のバイオテクノロジーの発展もその延長線上にあるといえよう。

図2・1に植物と動物の細胞の内部構造を示す。細胞には二層の膜に包まれた核があり、その中に大部分のDNAが閉じ込められている。細胞質中にいろいろな細胞小器官が存在するが、中でも重要なものは、ミトコンドリア（細胞のエネルギーを生産する器官）と、植物細胞だけにある葉緑体（光合成を行う器官）である。DNAはミトコンドリアと葉緑体にも存在するが、これらについては本章4で改めて述べる。リボソーム（タンパク質合成が行われる場）と粗面小胞体（タンパク質分泌機能をもつ）は、タンパク質の合成に関与する細胞小器官である。

DNAは、デオキシリボースという糖と、アデニン（A）、チミン（T）、グアニン（G）およびシトシン（C）という四種の塩基とリン酸から構成されている（図2・2）。糖に塩基が結合したものはヌクレオシドと呼ばれ、これにリン酸が結合したものがヌクレオチドである。DNAはヌクレオシドがリン酸を介してつながった長い鎖状の構造をしており、糖とリン酸は交互に結合して基本的な骨格をつくっている。DNAは、二本のポリヌクレオチド鎖が互いにねじれあって二重らせんを形成して

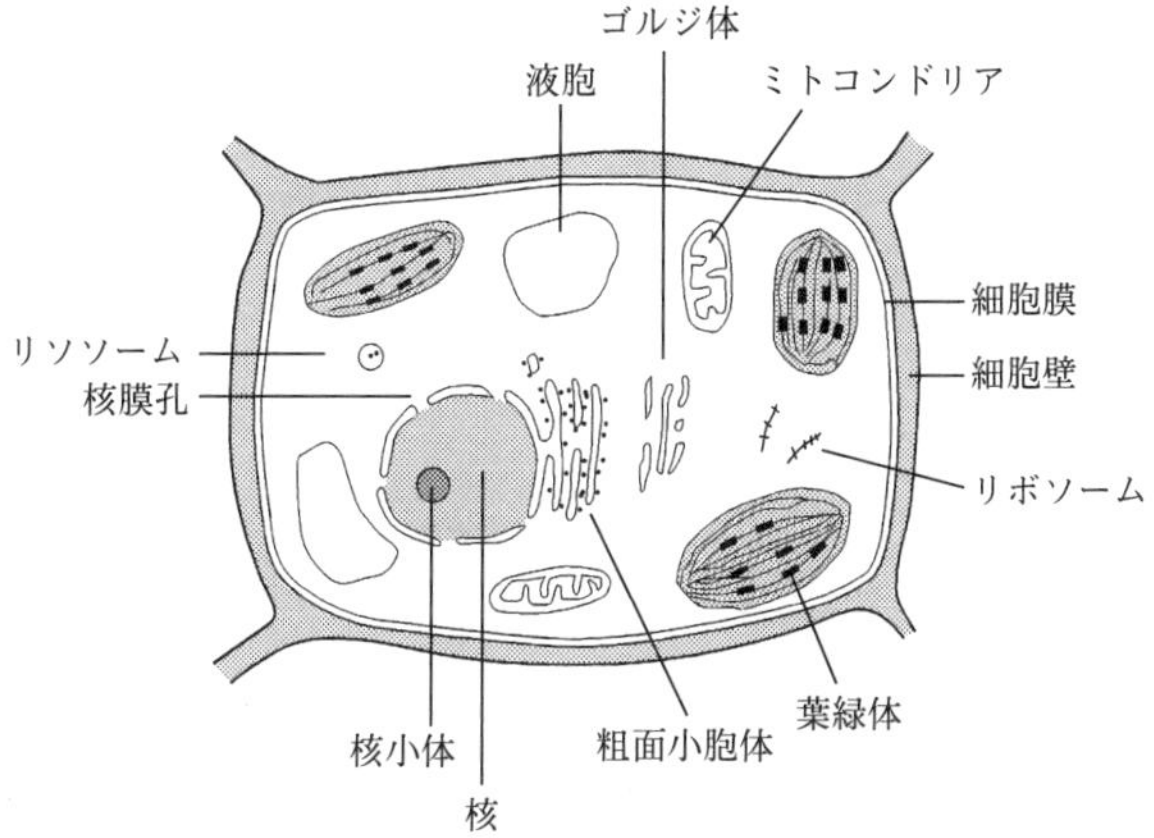

（a）　植物細胞

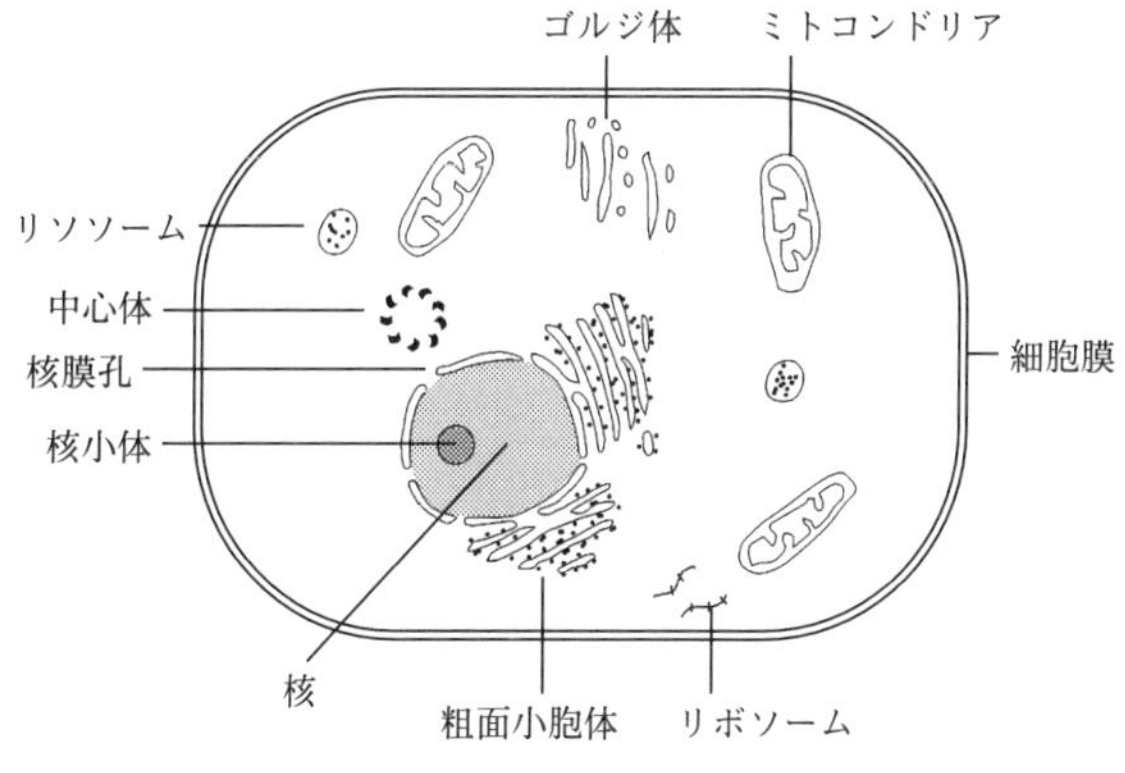

（b）　動物細胞

図 2•1　植物細胞と動物細胞の模式図

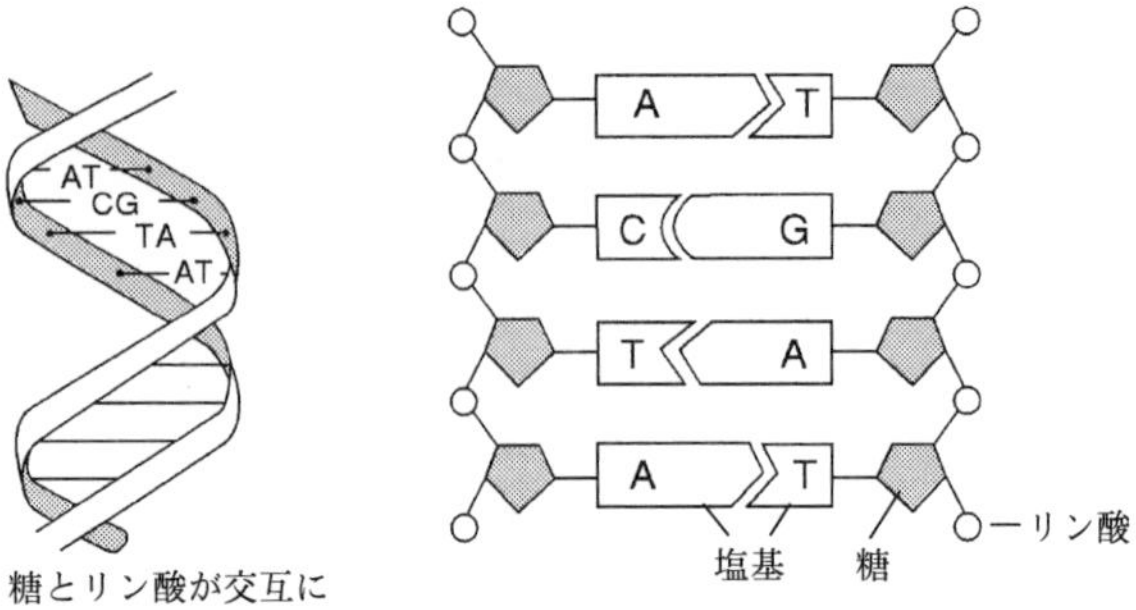

糖とリン酸が交互に
結合した基本骨格

DNAのヌクレオチド配列

図2•2　DNAの二重らせん構造

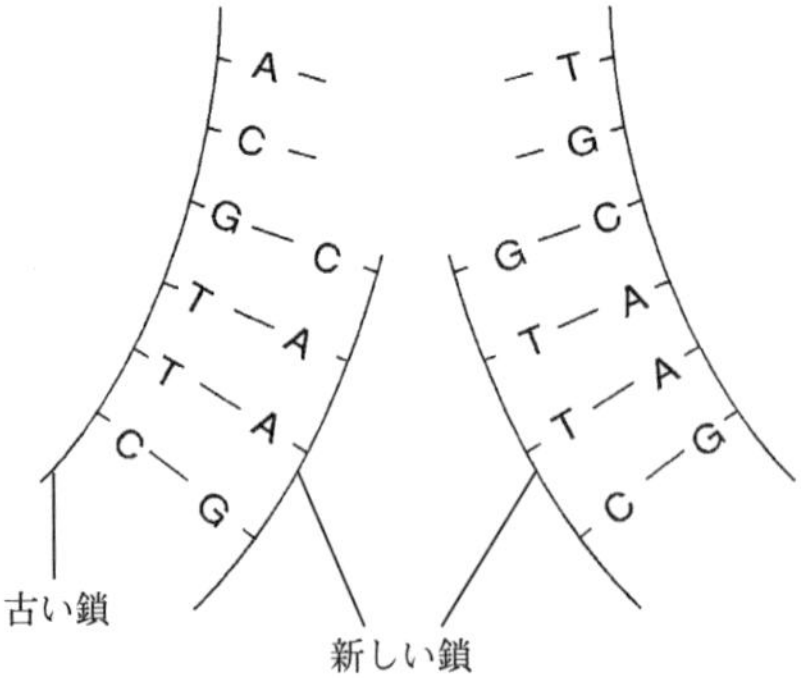

図2•3　DNA複製の機構

いるが、二本鎖の間で、AとT、GとCが対をつくっている。例えば二本の鎖の一方の配列がACGTTであると、もう一方の配列はTGCAAとなり、これを塩基の相補的配列と呼んでいる。DNAが複製される場合には、親の二本鎖がまず一つひとつの鎖に分かれ、次いでそれぞれの鎖の上にA、T、G、Cの塩基配列に対応する新しい鎖が合成されて、最初一個だったDNA分子が二個のDNA分子になる。このようにして、遺伝の情報が確実に子孫のDNAに受け継がれる仕組みになっている（図2・3）。

DNAの機能

体の中ではさまざまな細胞が分裂して増えるので、細胞分裂にあたってDNAは複製されるが、DNAはこのような自己複製の機能のほかに、タンパク質をつくるという重要な機能をもっている。生物体を構成している主要な成分はタンパク質で、生体内の化学反応もタンパク質である酵素によって進められているから、生命はタンパク質のおかげで維持されているといえよう。このようなさまざまなタンパク質は、いずれもDNAの情報が発現されることによってつくられる。

DNAの情報からどのようにしてタンパク質が合成されるのであろうか。DNAの情報から直接的にタンパク質がつくられるのではない。DNAの情報はまずRNAに写し取られ、RNAに写し取られた情報からタンパク質がつくられる。RNAの構造はDNAに似ていて、DNAの塩基の一つT（チミン）がU（ウラシル）に置き換えられ、糖もデオキシリボースではなくリボースである点が異なっている。Tと同様にUはAと対をつくるので、RNAの塩基はTの代わりにUを用いてDNAの塩基配列をコピーすることができる。DNAは核内にあるが、タンパク質の合成は細胞質内にあるリボソーム上で行われる。核内にあって動かないDNAの情報を写し取ったRNA（これをメッセンジャーRNAと呼び、mRNAと略記する）が核の外へ出てゆき、細胞質にあるリボソームと呼ばれる粒子に結合して、ここでタンパク質がつくられるのである。

一九七三年にDNA分子のクローニングの技術が開発されたこともあり、生物遺伝子の構造の解析が可能になった。その結果、原核生物（細菌と藍藻類――いずれも核膜をもたない）の遺伝子では、DNAの全部がアミノ酸に翻訳されてタンパク質がつくられるが、ヒトなどの真核生物（細菌と藍藻類を除く生物――核膜に包まれた核をもつ）では、アミノ酸に翻訳される部分（エキソン）と翻訳されない部分（イントロン）とからなっていて、これらはmRNA前駆体に写し取られたのち、イントロンの部分から写し取られた部分が切り出されて（スプライシングという）、エキソンの部分から写し取られた部分同士が結合することによってmRNAがつくられることがわかった（図2・4）。一方、原核生物の場合にはイントロンを含まないため、スプライシングを受けることなくmRNAがつくられるのである。

では、DNAの情報を写し取ったmRNAからどのようにしてタンパク質が合成されるのだろうか。mRNAの構成成分であるA、U、G、Cの四つの塩基がどのように並んでいるのかが情報になっており、三つの塩基が一個のアミノ酸に翻訳される。例えば、AUGはメチオニン、UUGはロイシン、GCUはアラニンになる。翻訳されたアミノ酸が順に並んでタンパク質になるが、アミノ酸の並び方によってどのようなタンパク質になるのか決まる。UAA、UAG、UGAのように、タンパク質の合成を終了させる暗号もある。また、タンパク質を合成する領域の近くには、その合成を制御する領域

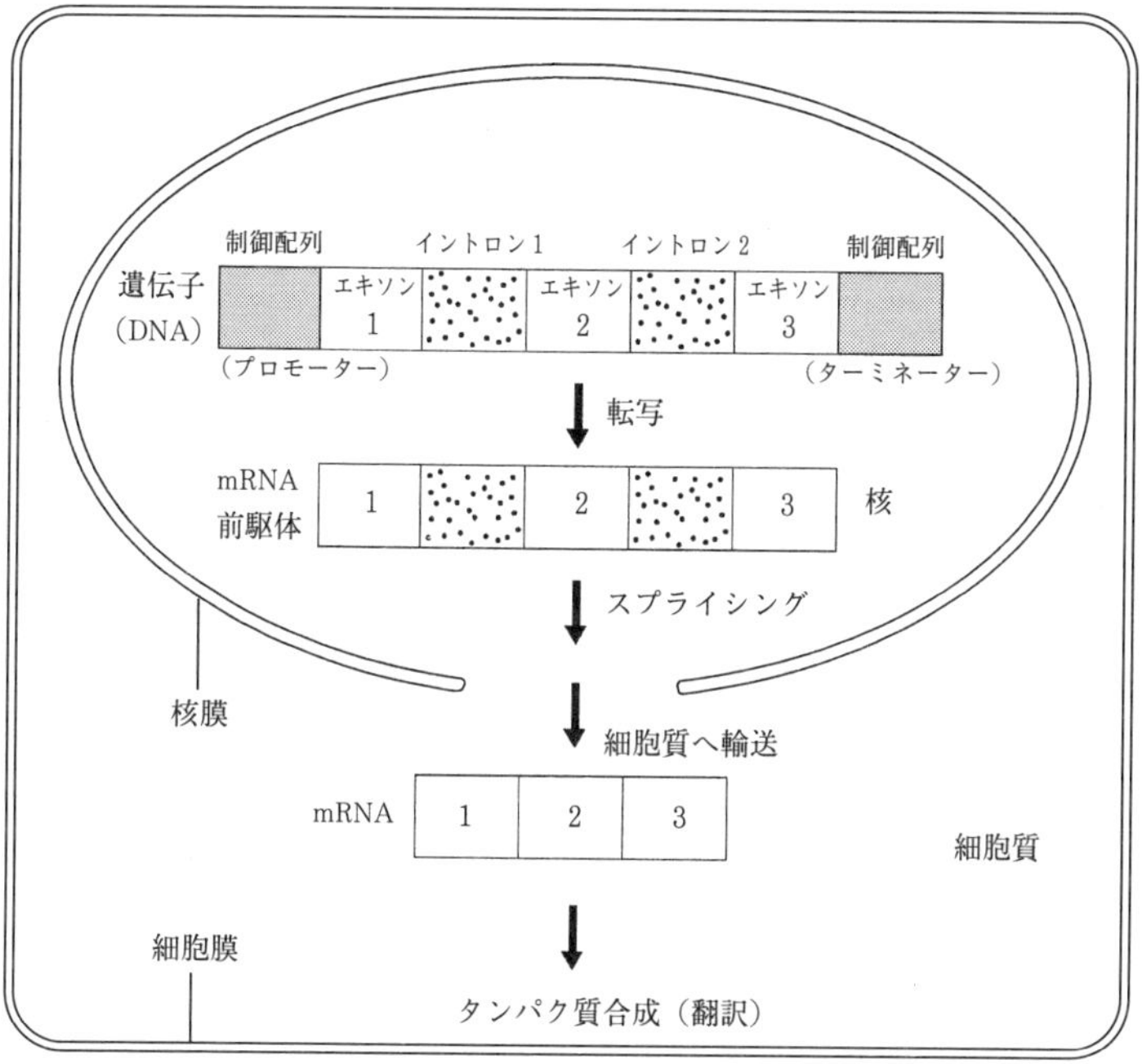

図2•4　高等生物の遺伝子発現

があり、その機能にはやはり塩基の配列が重要な役割をもっている。

真核生物であるヒトと原核生物である大腸菌とが同じ暗号を使ってタンパク質を合成しているわけで、これがバイオテクノロジーの基本原理である。この原理のおかげで、ヒトの遺伝子を大腸菌に導入して、大腸菌にヒトのタンパク質を合成させることが可能になっている。

核酸を構成している塩基の間では、AとT(U)またはGとCの間で水素結合によって対をつくっているので、これを塩基対と呼んでいるが、その数は生物種によっていろいろである。塩基の数が比較的少ないタバコ葉緑体やイネ葉緑体のDNAでは全構造が決定されており、一九九六年には四六四万の塩基対をもつ大腸菌のDNAの全構造が、一九九八年には九五〇〇万の塩基対をもつ線虫のDNAの全構造が決定された。約三〇億の塩基対をもつヒトについては、現在世界的規模で進められている「ヒトゲノム解析」の中で、そう遠くない将来にその全構造が判明するものと期待されている（本章8）。

植物に寄生するウイルスの多くはRNAを遺伝子としてもっているが、生物全体からみると、このような例は極めてまれである。DNAはRNAよりも化学的に安定なので、遺伝子としてはRNAよりもDNAのほうが適しているであろう。

2. 遺伝子として働いているのはDNAのごく一部

DNAの中で機能が明らかでない部分

ヒトの場合、細胞でつくられるタンパク質の種類は全部で一〇万ほどなので、遺伝子の数も一〇万程度ではないかと考えられている（ごく最近の解析結果では、三万～四万ではないかという）。ヒトのDNAの塩基対は約三〇億で、約一〇万の遺伝子が占める塩基対は二億程度であると考えると、ヒトのDNAの中で遺伝子DNAが占める部分は数%にすぎないことになる。DNAの全部が遺伝子というわけではなく、DNAの一部に遺伝子が存在しているのである。

また、高等生物（真核生物）の遺伝子DNAの中には、アミノ酸に翻訳されないイントロンと呼ばれる部分が含まれていることは前に述べた。むしろイントロンの中に、アミノ酸に翻訳されるエキソンと呼ばれる部分がところどころにはさまっている状態だという。遺伝子と遺伝子の間のＤＮＡ領域はスペーサーと呼ばれ、これはタンパク質のアミノ酸配列には翻訳されない、機能の明らかでない部分である。

これら機能の明らかでないイントロンやスペーサーは、無駄な塩基配列なのであろうか。アメリカのギルバートは、イントロンは生物進化の過程で取り込まれた遺伝子の周囲の塩基配列である、という仮説を提唱している。大昔には独立した機能をもっていた複数個の遺伝子が、ＤＮＡの組換えによって一か所に集まって新しい機能をもつ現在の遺伝子になったが、この過程で、元の遺伝子の周辺にあった塩基配列が取り込まれてイントロンになったというのである。遺伝子と遺伝子の間のスペーサーと呼ばれる領域のＤＮＡについても、進化の途中で挿入されたＤＮＡ断片ではないかと推論されており、これら偶然に挿入されたと考えられるＤＮＡが、そのまま複製されて子孫に伝えられているのである。長い歴史を背負った、働きの明らかでないこれらのＤＮＡ断片も、高等生物の未来の進化のために何らかの役割を担っているのであろうか。大腸菌のような原核生物の遺伝子には、イントロンなどの無駄と思われる塩基配列はなく、遺伝子間のスペーサーもほとんど存在しない。大腸菌では、無駄を省き効率的に複製することが優先され、もともとあったイントロンなどが排除されて、現在の形になったと考えられている。

遺伝子と呼ばれる領域

遺伝子と呼ばれる領域には、エキソンとイントロンの両部分のほかに、遺伝子の転写や翻訳の機能発現を調節する制御配列が含まれている（図2・4）。制御配列にはプロモーターと呼ばれる配列があり、mRNAの転写を助けるRNA合成酵素はこの部分に結合して転写を開始するが、ターミネーターと呼ばれる制御配列もあり、この部分で転写は終了する。プロモーター部分は、遺伝子がどのような時期にどのような組織で働くかを決める重要な機能をもっている。

ヒトの体は六〇兆個の細胞からできていて、その一つずつに同じDNA（この中に遺伝子がある）が入っている。そのDNAは自己複製によって細胞を分裂させたり、必要なタンパク質を合成したりすることによってヒトの生命を維持している。臓器によって細胞の形も大きさも機能も異なっているが、入っている遺伝子は同一である。臓器によって特定の遺伝子が働いたり、働かなかったりして、それぞれの細胞がその役割を果たしているのである。しかし、DNAを子孫に伝えるのは卵子や精子などの生殖細胞の中にあるDNAであって、生殖細胞以外の一般の体細胞の中のDNAが遺伝に直接かかわっているわけではない。生殖細胞の中のDNAだけが子孫に伝えられるのである。細胞が分裂するときには、細胞の中にあるDNAの全体は染色体と呼ばれる形で存在しているが、親の細胞から子孫の細胞が正確に複製されるためには、このような構造が必要なのである。

3. DNAは染色体を構成している

染色体とゲノム

動植物の細胞が細胞分裂するときに、紡錘体内に観察される塩基性色素で染まる棒状の構造体は染色体と呼ばれている。分裂していない細胞では、DNAは染色質（クロマチン）の形で存在しているが、細胞分裂のときに染色質が凝縮し、塩基性色素によって染まる染色体と呼ばれる棒状のものになるのである。細胞分裂のとき以外、染色体の構造はみられないが、DNAは核の中で分散して存在しているのではなく、染色質という一定の構造体をつくっているのである。

一個の染色体は巨大な一分子のDNAからできていて、この染色体上に遺伝子が乗っている。現在では細胞分裂中にみられる染色体に限らず、分化した核内の染色質も含めて染色体と呼ぶようになった。細菌などの原核生物の核様体に対しても、染色体という言葉が使われている。

染色体の数と形は生物種によって一定しており、ヒトの体細胞の染色体数は二三対（相同のものが対として存在する）四六個、つまり二三個の染色体を二セットもっている。細胞の正常な機能を果たしうるこの一セットをゲノムと呼んでいる。ヒトが一生をまっとうするのに必要な遺伝情報がすべてこの中に備えられているのである。二三対のうち二二対が常染色体、残る一対はXとYの性染色体で、XX型が女性、XY型が男性である（図2・5）。卵子は常にXであるが、精子はXをもつものとYをもつものがあるので、Xをもった精子と受精するとXXとなって女性になり、Yをもった精子と受精するとXYとなって男性になるのである。

体細胞には基本のセットの二倍の数の染色体があるので、体細胞を二倍体（2n）細胞という。生殖細胞になるときには減数分裂が起きて、体細胞の半分の染色体をもった半数体（n）細胞になるが、受精すると元の二倍体に戻る。つまり、体細胞の相同染色体の片方は父親から、他の片方は母親からもらうのである。染色体が二セットあると、そのうちのどちらかが何らかの理由で働けない場合に、

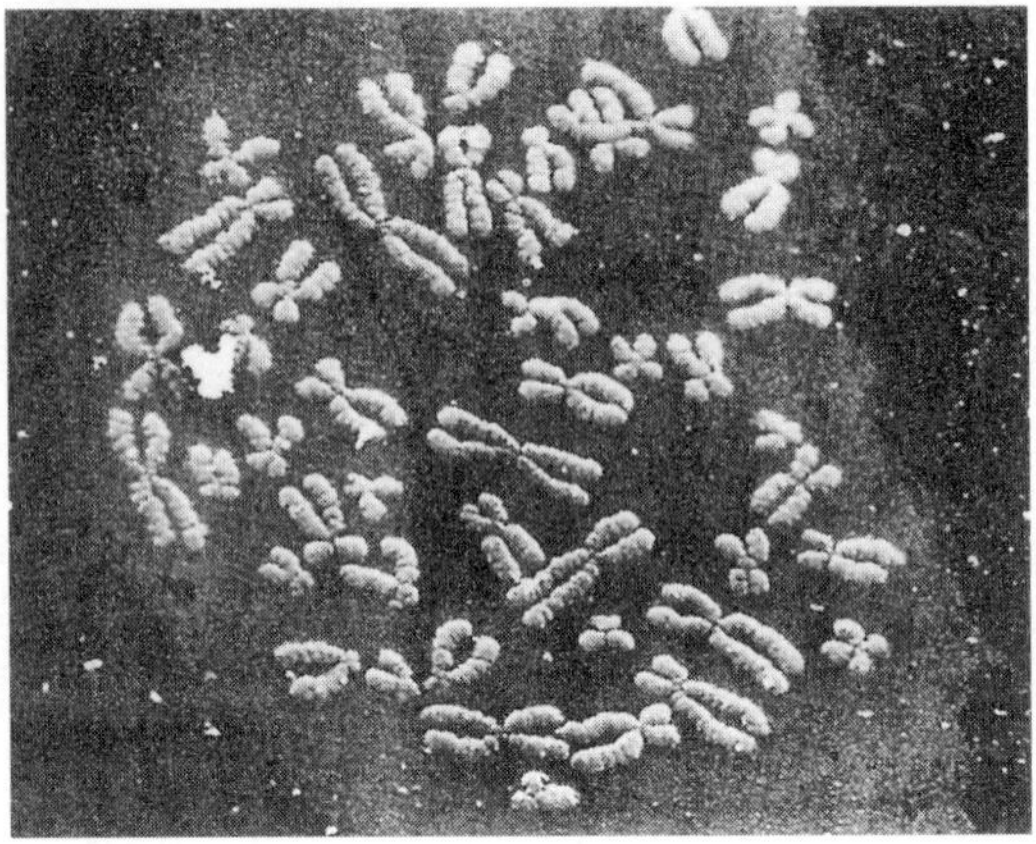

(a)

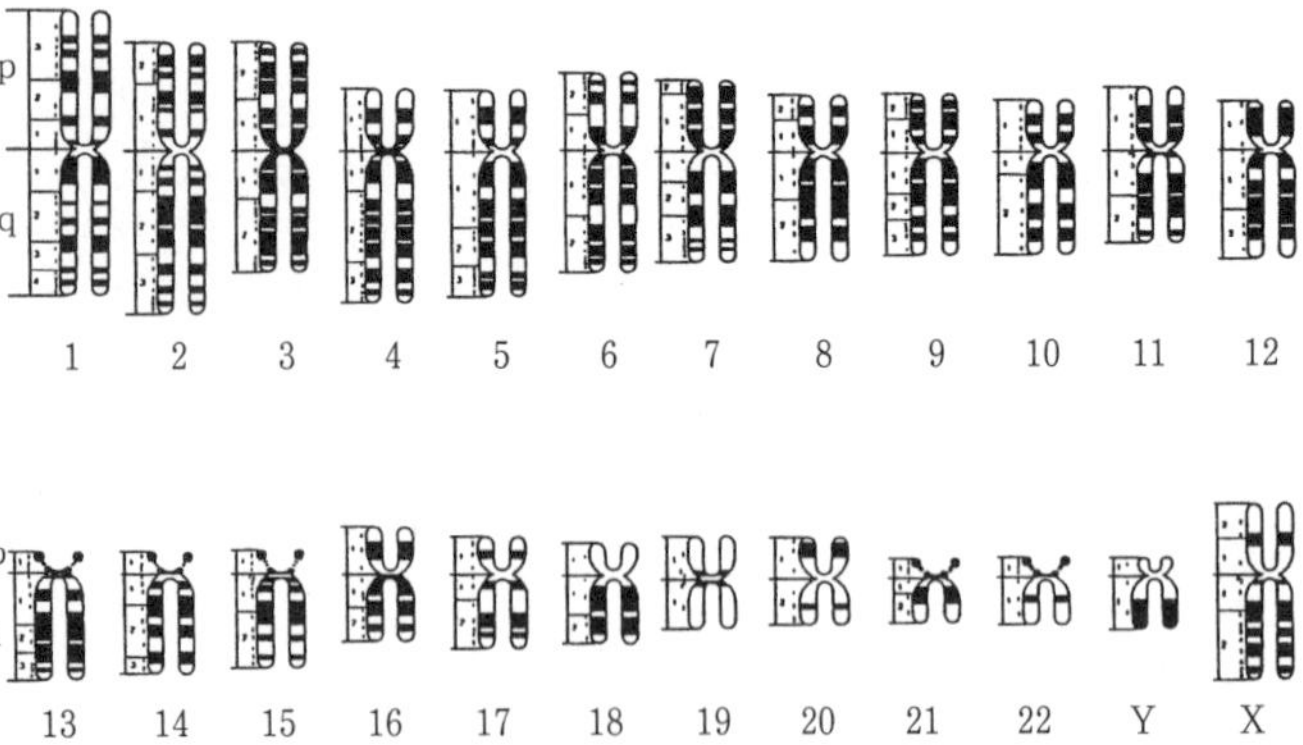

(b)

約 2 000 倍でみたヒト染色体の写真(a)と 1～22 番までの常染色体と性染色体(X, Y)のスケッチ(b).
染色体を特別の色素で処理してやると一定のバンド構造が現れるので，スケッチにはそれが書き込んである．バンドの位置は(a)のくびれとだいたい対応する．

図 2･5　ヒトの染色体(松原謙一・中村桂子，1996)

もう片方が働いてカバーしてくれるメリットがあると考えられている（本章6）。

染色体と遺伝子

常染色体は、大きい順に一番から二二番まで番号がつけられていて、第一染色体、第二染色体というように呼ばれている。体細胞が分裂する際に、一本の染色体が複製されて二本になり、これらは動原体と呼ばれるところで互いに交差しているが、これを原点としてこの位置から出ている短い腕をp、長い腕をqで表している。染色体をキナクリンという色素で染めると、濃く染まる部位と淡く染まる部位とがあり、光学顕微鏡を用いると遺伝子の束がバンドになってみえるので、これで遺伝子をいくつかの区分に分けることができる（図2・5）。その遺伝子があるのは何番目の染色体か、短腕（p）にあるのか長腕（q）にあるのか、その腕のどの領域にあるのか、その領域でのさらに小さな単位であるバンドの番号は何番目かということで、その位置が決められるのである。ヒトの場合、二三個の染色体に全遺伝子が乗っており、現在ではどの染色体のどの位置にどのような遺伝子があるのかについての知識が増えつつある。このような知識をもとにつくられた地図が染色体の遺伝子地図である。

DNAは染色体の中に折りたたまれている

ヒトの体細胞一個に含まれる染色体は四六個で、これらの二セットの染色体DNAは約六〇億塩基対からなると考えられている。塩基対間の距離は三・四オングストローム（一〇のマイナス一〇乗メートル）であるから、染色体DNAを全部つなぎ合わせると約二メートルの長さになるという。このよう

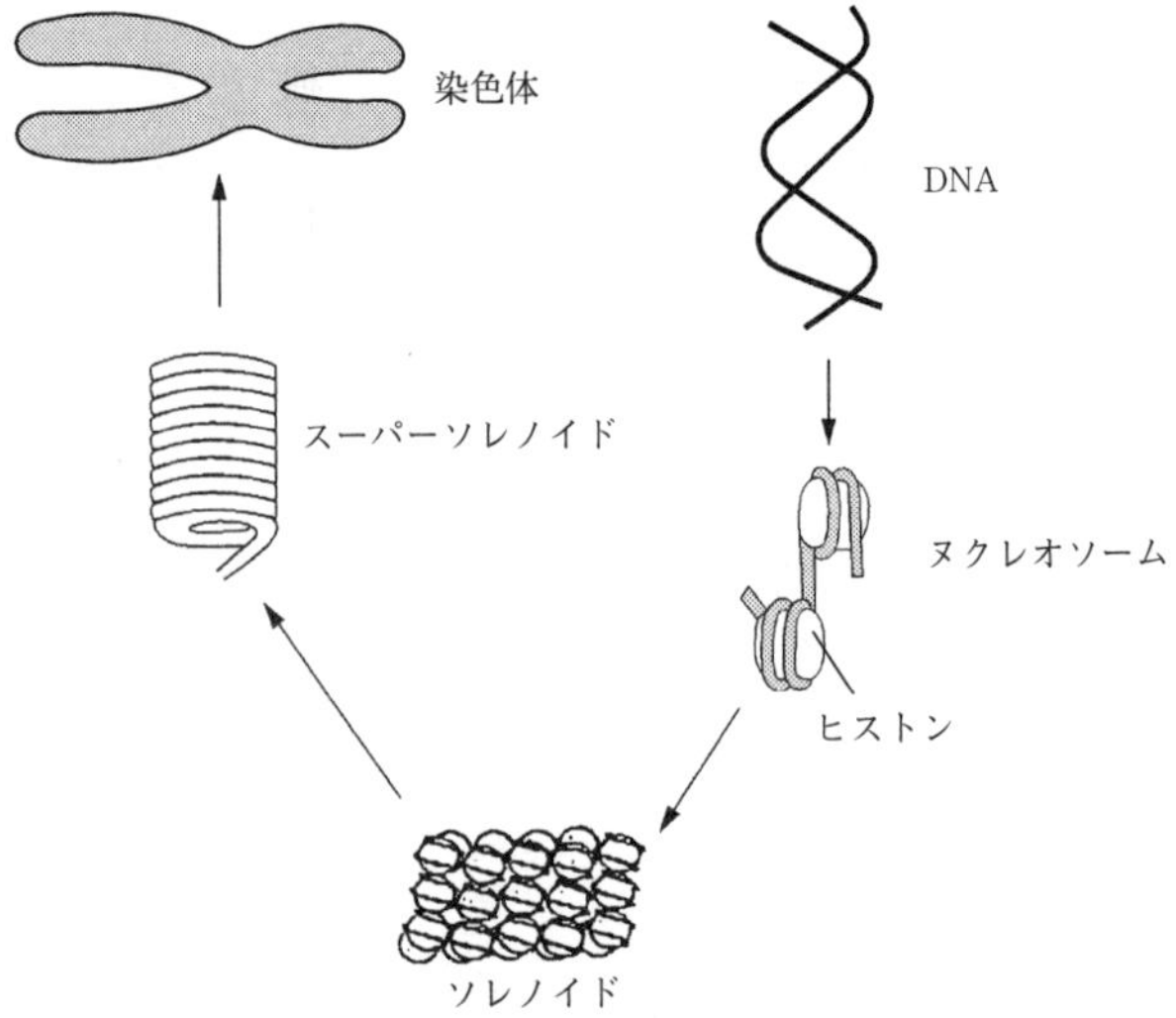

図2•6　DNAから染色体へ

な巨大な長さをもつＤＮＡはどのように染色体に収められているのだろうか。

ＤＮＡの鎖は、ヒストンと呼ばれるタンパク質の複合体に巻きついてヌクレオソームを形成し、このヌクレオソームがコイル状に配列してソレノイドと呼ばれる構造になる。このソレノイドはさらにコイルを形成して、スーパーソレノイド構造をとる。このスーパーソレノイドはさらにからみ合って染色体を構築する。このようにして、膨大な遺伝情報をもつ巨大な長さのＤＮＡは小さく折りたたまれ、染色体に収納されるのである（図２・６）。

4.　染色体以外の部位で働くＤＮＡもある

ミトコンドリア、葉緑体、プラスミド

前節で述べたように、ヒトなどの真核生物

では、DNAは染色体の中にたたみ込まれて核の中に存在している。また、細菌などの原核生物は核膜で仕切られた核をもっていないが、DNAはやはり染色体（広義の染色体）に存在している。しかし、DNAはこれらの生物体の染色体の中だけでなく、これ以外のところにも存在して遺伝の情報を担っているのである。

動植物の細胞質にあるミトコンドリア、植物の葉緑体、細菌のプラスミド（核外遺伝子）がそれぞれ独自のDNAをもっており、いずれもある程度の自己複製能をもっている。

ミトコンドリアは細胞の生化学的エネルギーを生産する中心的器官で呼吸酵素を合成するが、ミトコンドリアDNAには呼吸酵素の遺伝子のほかに、リボソームRNAと転移RNA（mRNAの情報を読み取ってアミノ酸を運ぶ）の遺伝子がある。葉緑体は、光合成を行う細胞小器官で光のエネルギーを利用して炭水化物を合成するが、葉緑体のDNAには、炭水化物合成酵素の遺伝子のほかにリボソームRNAと転移RNAの遺伝子が存在している。これらの器官はいずれも細胞分裂とは独立に分裂するので、ミトコンドリアはある種の好気的細菌が、葉緑体はシアノバクテリアのような光合成能をもった細菌が、太古に別の細胞へ寄生したものに由来するのではないかと考えられている（本章5）。

細菌に存在するプラスミドも自己複製能をもつDNAで、通常細菌の生育に必要な情報をもっていないが、薬剤耐性因子などの有用遺伝子をもっていて、細胞の分裂時に親の細胞から子の細胞へ伝えられる。プラスミドが、遺伝子組換えで遺伝子のベクターとして利用されていることはすでに述べた（第一章1）。

ミトコンドリアから現代人のルーツがわかる

植物の通常の受精では、花粉が発芽してつくられた花粉管の中の精細胞だけが子房内の卵細胞に入るので、雄親の細胞質中のミトコンドリアや葉緑体の遺伝子はその子孫に伝わらず、雌親がもっているミトコンドリアや葉緑体の遺伝子だけが子孫に伝えられる。動物の場合も、雄親の精子のミトコンドリアは卵内に入ることができないので、ミトコンドリア遺伝子は雌親のものが子孫に伝えられる。動植物とも雄親のミトコンドリアは次世代にまったく関与せず、ミトコンドリアはいわゆる母性遺伝をするのである。

このようなわけで、ミトコンドリアのＤＮＡを調べることによって、母系の系統関係を知ることができる。世界各国のヒトのミトコンドリアのＤＮＡを分析して比べると、それらすべてのヒトの祖先が約二〇万年前（ミトコンドリアＤＮＡが変化する速度から解析）にアフリカに現れた女性に行き着くという「イブ仮説」がアメリカで発表されている。

5. 遺伝子は生物の進化にどのようにかかわってきたか

初期生命の誕生は四〇億年前

現在では、地球上に存在する多種多様の生物は別々に創造されたのでなく、共通の祖先から変化して今日の姿になったと考えられている。現存する生物は進化の産物と考え、その進化の過程をたどり、系統関係を示すための系統樹もつくられている。ヒトとサルの祖先が同じであることは認められても、ヒトと大腸菌の祖先が同じであるとは認め難いであろう。しかし、最近の生命科学の知見では、おおよそ四〇億年前に生命が誕生し、初めは微小な単細胞生物が生まれ、その後細胞の複雑化・高度化が進み、気が遠くなるような年月を経たのち、現在のような高等生物が出現したと考えられている。

現存するすべての生物が細胞から成り立っていること、すべての生物がＡＴＰ（アデノシン三リン酸）のエネルギーをいろいろな酵素反応や運動に利用していること、さらにはすべての生物がＤＮＡを遺伝子としてもち自分の個体を増やしているが、その遺伝情報には同じ暗号が使われていること、などの点がその有力な根拠である。前にも述べたように、ヒトの遺伝子を大腸菌に導入して大腸菌にヒトのタンパク質を合成させることが可能なのも、ヒトと大腸菌が同じ暗号でタンパク質を合成しているためであって、多様な生物の間に思わぬ共通性があるのである。

同じ祖先をもつ生物間での多様化は、遺伝的な変化に基づくものと考えられるが、生命誕生後の進化の途上で、どのような経緯でもたらされたのであろうか。

地球は今から四六億年ほど前に誕生したといわれる。誕生したばかりの火の玉のような地球の温度が下がってくると、それまで地球をとりまいていた水蒸気が豪雨となって地球に降り注ぎ、地球上に海ができた。このようにしてできた原始の海に、今からおよそ四〇億年前に最初の生命が現れたと考えられている。

最初の生命体は、海に含まれていた有機物を得て生命を保っていたが、二億年後には海に溶けている無機物をエネルギー源として生命活動を営む嫌気性細菌が出現した。今から三五億年ほど前になると、太陽のエネルギーを利用して光合成を営み、空気中の炭酸ガスと水から有機物を合成して酸素ガスを放出する細菌、シアノバクテリア（藍藻）が現れた。

光合成を行う細菌が増えると地球上に酸素が増えるので、酸素を使って有機物を分解して生きる細菌が出現した。このような細菌は酸素を使えない細菌に比べてエネルギー効率が高いため、圧倒的な勢いで増殖した。酸素の出現は地球の環境をも変えることになる。酸素ガスは上空に昇ってオゾンとなり、地球の外側にオゾン層を形成するため、宇宙からの強烈な紫外線はオゾン層によって遮られるようになった。このようにして、生命体は紫外線の害から守られて四億年前に陸地に上がることが可能となり、以後の生物の繁栄をもたらした。

ヒトの祖先の出現は四〇〇〇万～五〇〇〇万年前

酸素の乏しい太古の地球ではびこっていたのは嫌気性の細菌であるが、シアノバクテリアが出現して大気中に酸素を放出し生存しにくい環境になったとき、この嫌気性の原核細胞（細菌などの細胞）の中に、ある種の好気性の細菌が取り込まれ、この複合体が真核生物の祖先になったのではないかと考えられている。大気中に酸素が多くなるとともに、酸素を利用できるようになったこれらの複合体が生き残り、互いの能力を補完し合ってより有利に生活できるようになったのである。現在では、ミトコンドリアと呼ばれている小器官は、太古に取り込まれたこのような好気性の細菌に由来すると広く考えられている。

一方、光合成能をもったシアノバクテリアは別の原核細胞に取り込まれ、光合成によってその細胞へエネルギーを供給するようになったが、現在葉緑体と呼ばれている小器官は、このシアノバクテリアに由来するのではないかと考えられている。好気性の細菌やシアノバクテリアの宿主になった細胞（真核生物の祖先）の起源は明らかでないが、真核生物が出現したのは今からおよそ一五億年前とされる。

好気性の細菌やシアノバクテリアを取り込んで新しい機能をもつようになった真核生物は、やがて単細胞から多細胞へと進化した。多細胞化によって細胞内に分業が起こり、細胞の分化が始まった。それによって生物はより大きくなり、生物の多様化もより推し進められ、その個体数も急激に増加した。このような多細胞生物が出現したのはおよそ一〇億年前で、もっとも古い多細胞生物は藻類であるという。

すでに述べたように、四億年ほど前に植物は上陸した。海中にすんでいた魚の中から両生類が現れたのもこの頃である。恐竜が出現したのは二億五〇〇〇万年くらい前、ヒトの祖先が現れたのは四〇〇万～五〇〇〇万年前である。類人猿からヒトが分かれたといわれているが、四六億年という地球の歴史の中で考えると、ヒトの出現はごく最近のことなのである。

このように、地球の環境と生物とは互いに強い影響を及ぼし合いながら進化してきた。生物は、長い進化の過程でその形を次第に変えて環境に適応してきたが、環境の多様化に伴って生物も多様に変化するため、地球上に多種多様の生物が生存することになったのである。

6. 性は生物の進化の過程で生まれた

性はなぜ必要なのか

第一章1で述べたように、原生動物や細菌は通常無性生殖によって増えるが、その一部には有性的な生殖を行うものもみられる。原生動物のゾウリムシは、通常二分裂によって無性的に増えるが、接合と呼ばれる方法で有性的に増えるものもある。ゾウリムシには大核と小核とがあり、機能的に大核は栄養核（栄養のみに関与し、生殖の際は消失）、小核は生殖核であるが、通常の二分裂では、大核は小核と同様に二分裂して各娘個体に一個ずつ入ることになる。しかし接合では、二個体が接着するとそれぞれの個体の大核が消失し、減数分裂した小核が両個体の間で交換されて、この小核から新しい大核がつくられる。接合後両個体は分離するが、この接合は無性的に二分裂のみを繰り返すことにより起こる老衰からの回復、つまり若返りのためであると考えられている。

細菌の大腸菌でも、その系統によっては雌雄があり、雌雄の細菌の接合によって雄菌の遺伝物質が雌菌内へ伝達されるが、接合は雄菌に存在するF因子（Fプラスミドともいう）によって遺伝的に支配されている。接合によってF因子を受け取った雌菌は雄菌に転換し、F因子とともに雄菌の染色体の一部を受け取った雌菌は新しい機能をもつことになるのである。ゾウリムシ、大腸菌の両場合とも、個体間で遺伝子の授受が行われるが、個体数は増加しない。

ゾウリムシや大腸菌での有性的な生殖は、これらの微生物が属している原生動物や原核生物の一部の種類に限られており、その他のものは無性生殖によって増えるので、子は親と遺伝子型が同じクローンになることは第一章で述べたとおりである。一般の動植物のほとんどは有性生殖を行い、有性生殖では両親の遺伝子が混ざり合い組み換えられて、新しい組合せの遺伝子をもつ個体ができるから、子の遺伝子型は両親のそれと異なり、子同士の間でも互いに異なっている。このような遺伝的多様性をもたらす有性生殖は、多くの動植物がこの方法で増えていることをみても、それなりの利点をもっているに違いない。ゾウリムシや大腸菌でさえ、有性生殖をする能力をもつように進化してきたのである。性の存在はどのような意味をもっているのであろうか。

もっとも一般的に考えられるのは、有性生殖によってさまざまな遺伝子の組合せをもつ多様な子孫が生まれると、予測不可能な環境の変化に対しても、その一部が適応して生き延びられることである。他方、遺伝的に均一なクローンでは、適応しにくい環境に遭遇した場合には全滅してしまう危険性をはらんでいる。また性の存在は、有性生殖によって有益な変異が得られた場合に、それをグループ内に広げるために有意義であろう。

もう一つ、性の存在の意義として重要なことがある。生物の生存にとって不可欠なある特定の遺伝子の機能に変異が生じた場合に、このような変異は無性生殖の一倍体細胞の生物にとっては致命的であるが、有性生殖の二倍体細胞の多細胞生物では、相同染色体のどちらか一方が変異しても、もう一方の染色体がカバーしてくれるので、問題が起こらないという点である。両親が同一の遺伝子に関して変異体である場合には、これらの遺伝子をホモに受け継いだ子は生存できないから、その時点で変異遺伝子も消滅することになる。

先にゾウリムシの接合による若返りについて述べたが、有性生殖をする動植物の場合でも、減数分裂とその後の核の融合が、体細胞に生じた遺伝的疲労から個体を回復させることがあるのではないかと考えられている。

性の発達とともに死が誕生した

無性生殖を行ってクローンをつくる一倍体の細胞（例えばアメーバなど）は、分裂によって無限に増殖するので、そこには細胞の死はなく、分裂を続けられる条件が与えられれば、いつまでも生きることが可能である。有性生殖をするヒトのような二倍体細胞の多細胞生物では、体を構成する細胞に体細胞と生殖細胞（卵や精子）の役割分担ができたが、生殖細胞が次の世代へ引き継がれたあと、体細胞はその役目を終え、いずれは個体の死に伴って死ぬ運命にあるので、死は性の発達とともに誕生したと考えられている。一方、生殖細胞は親から子へ伝えられ生き続ける細胞である。

死に関しては、個体の器官の形成、脳の神経系の形成、免疫系の形成などで、成熟しそこなった細胞や不要になった細胞を排除する仕組みとしてアポトーシスと呼ばれる現象が知られ、最近その研究が脚光を浴びている。オタマジャクシの尻尾がなくなってカエルになるときに、尾部細胞を消滅させるのもアポトーシスである。いわばプログラムされた死で、生物を生かすための積極的な死、あるいは細胞の自殺という表現がなされている。個体の生命をがん化などから守る現象（前がん細胞を死なせる）とも考えられ、注目を集めているのである。ヒトの体細胞では、〇・七〜一％の細胞が恒常的にアポトーシスで死に、新しい細胞と入れ替わっていると考えられている。体細胞は老化によって死ぬだけではなく、個体としての体制を保つために積極的に殺されているのである。アポトーシスに対して、ネクローシス（壊死）という用語があるが、ネクローシスは負傷などの事故によって起こる細胞死であって、アポトーシスとは区別されている。ネクローシスは、いわば他殺によって起こる細胞死であるといえよう。

再生可能な体細胞を何度も植え継いで培養を続けると、細胞には寿命があり、半年ほどの間に細胞分裂の能力を失って死滅すること、寿命の長い個体からとった細胞は寿命が短い個体からとった細胞よりもその寿命が長いことが明らかになっている。また、いつまでも生き続ける細胞はがん細胞であることもわかってきた。

最近の研究によると、染色体の末端にテロメアと呼ばれる特殊な塩基配列（TTAGGGの反復配列—染色体を安定させる）があり、細胞が分裂するたびに次第に短くなるといわれる。この短縮化がある範囲を越えると、細胞とその個体は死に至る。個体の死も、生物全体としての体制を保つために必要なのであろう。一生分裂することが可能ながん細胞では、テロメアの合成に必要なテロメラーゼという酵素の活性が高く、テロメアの短縮化を防いでいるという。そこで、がん細胞のテロメラーゼ活性を抑制することによって、がんの治療が可能になるのではないかといった想定もなされている。一般の体細胞にはほとんどみられないテロメラーゼ活性が生殖細胞には存在しているので、生殖細胞ではテロメアの短縮化は起こらないともいわれる。

「ドリー」は六歳の雌のヒツジから採取された細胞でつくられているが、「ドリー」のテロメアの長さは普通に生まれたヒツジよりも短い。クローンを二代、三代と続けたときに寿命は短くなるのであろうか。アメリカで若山らが、クローンマウスの体細胞から六代目までのクローンマウスをつくり、そのテロメアの長さを調べているが、クローンを重ねても短くならなかったという。

7. 遺伝子のクローンもつくられている

遺伝子組換え技術でDNAをクローニングする

遺伝子組換え技術（組換えDNA技術ともいう）は、一九七三年に開発されたバイオテクノロジーの主要技術の一つで、ある生物から目的の遺伝子を取り出し、これを他の生物のDNAにつないで組み換え、それをさまざまな目的に利用する技術である。

図2・7のように、目的の遺伝子をある生物のDNAから取り出して、これを制限酵素と呼ばれる酵素で切断する。制限酵素は三〇〇種ほど知られており、例えばBam H1と呼ばれる制限酵素の場合には、塩基がGGATCCと並んでいると、GとGの間を切断する。一方、遺伝子の運び屋（ベクター）である大腸菌のプラスミドDNA（本章4）も同じ酵素で切断する。同じ特定の制限酵素で切断した二つのDNAは、その切断面同士が相補的に結合して環状の組換えDNAをつくるが、切断面同士の結合にはDNA連結酵素（DNAリガーゼとも呼ばれる）が必要である。こうしてできた組換えDNAを大腸菌に入れ、大腸菌を培養する。大腸菌は二〇分程度で分裂を繰り返すので、短時間で大量培養することが可能で、増殖に伴ってプラスミドも増え、遺伝子を大量に増やすことができる。均一のDNA分子の集団（クローン）を大量に増やすこれらの操作はDNAのクローニングと呼ばれて

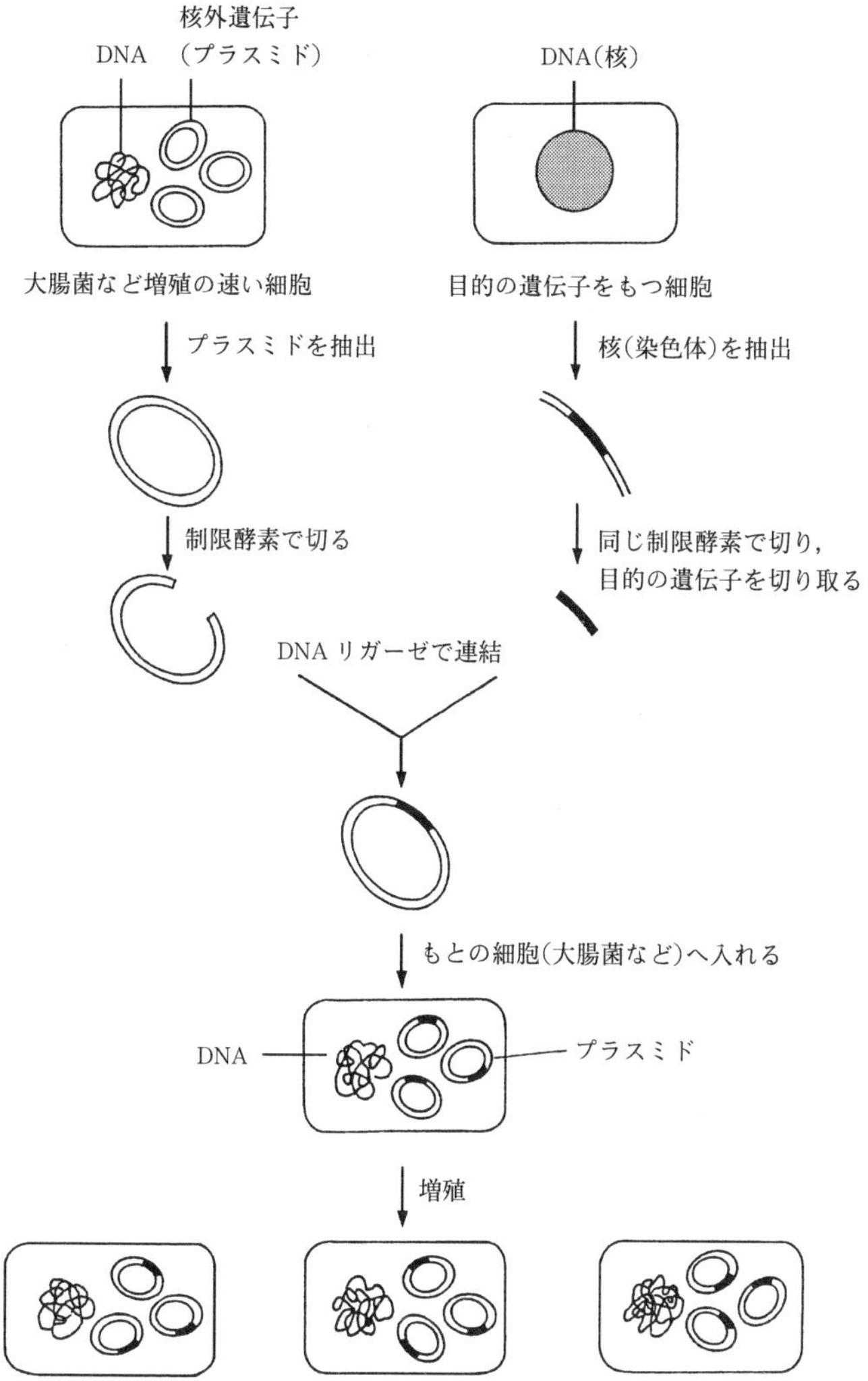

図 2•7　遺伝子組換え技術

いるが、第一章2でも述べたように、クローン技術によって動植物などのクローン個体を増やす操作もクローニングと呼ばれるようになった。

遺伝子のクローンを用いてその構造を解析する

調べたい特定の遺伝子を取り出し、これをクローニングによって必要なだけ増やし、遺伝子DNAの塩基配列を決定することができるようになった。これにより大きく進展したのは、ほかならぬ遺伝子自体の構造と機能についての研究である。

遺伝子がクローニングされると、その塩基配列（一次構造）を決めることが可能になるが、DNAの塩基配列を決定する方法を考案したのはイギリスのサンガーである。一九五五年に開発した方法で、インスリンの構造を初めて決定して、一九五八年にはノーベル賞を受賞し、その後改良したサンガー法によって、一九八〇年には再びノーベル賞を受賞した。

ヒトのような真核生物の遺伝子構造の解析はそれまでほとんど不可能と思われていた。しかし、遺伝子のクローニングが可能になってから、さまざまな遺伝子の塩基配列が調べられるようになり、構造と機能との関連について多くの知見が得られた。すでに述べたように、真核生物では大部分の遺伝子がイントロンによって分断されていて、このような領域をもたない原核生物とは異なっていること、遺伝子の機能発現を調節する制御配列も真核生物と原核生物とでは異なっていることなどの点が明らかになったのである。

DNAのクローニングによって多量のDNA分子を得ることができると、遺伝子の構造や機能を解析するのに好都合であるが、遺伝子の機能を利用してホルモンや酵素などの有用タンパク質を生産させる場合にも都合がよい。どちらの場合も、ＤＮＡの量が多ければ多いほどいいのである。

遺伝子のクローンの機能を利用する

一九七七年、アメリカで板倉らが、巨人症の治療薬として期待されているソマトスタチンと呼ばれるホルモンを、遺伝子組換え技術を利用して大腸菌に生産させることに成功した。ソマトスタチンはわずか一四個のアミノ酸からなる小さなタンパク質で、そのアミノ酸配列も当時すでにわかっていたので、アミノ酸配列から核酸の塩基配列を推測し、このようなＤＮＡを化学合成して、これを大腸菌の中でクローニングしたのである。

同じような方法で、糖尿病の治療薬インスリンや小人症の治療薬成長ホルモンが生産され、これらの生産技術が、一九八〇年頃にはアメリカのベンチャービジネスによって実用化されたことはすでに述べた。インスリンは、従来ブタやウシの膵臓から抽出して治療薬として利用されていたが、ブタやウシのインスリンはヒトのそれとはアミノ酸の構成がやや違っているため、治療薬としてはヒト・インスリンの大量生産が望まれていた。板倉らは、ソマトスタチンでの成功に引き続き、一九七八年にはヒト・インスリン遺伝子を化学合成して大腸菌内でヒト・インスリンを生産することに成功した。

ＰＣＲ法による画期的なＤＮＡのクローン化

遺伝子組換え技術による遺伝子ＤＮＡのクローニングが可能になり、遺伝子の構造と機能についての解析が進む中で、一九八三年にアメリカのマリスによって、DNAを試験管内で簡単に増やす画期的な方法が開発された。試験管の中で、DNA合成酵素（DNAポリメラーゼ）を用い、DNA合成反応を連続的に行わせることによって微量のDNA断片を短時間で増幅させる方法で、PCR法（ポリメラーゼ連鎖反応という英語の略語）と呼ばれている。

PCR法では、試験管の中に増幅させたい微量のDNA断片と反応に必要な試薬類を入れ、各反応に必要な温度条件になるように温度の上げ下げを繰り返すだけで、短時間でDNA領域を一〇〇万倍に増やすことができるのである。

PCR法が開発されたため、微量の組織や細胞があれば、それから抽出したDNAをPCR法で増幅して、塩基配列を調べることができるようになった。PCR法を用いることにより、従来のクローニングという大腸菌やベクターを用いる手間ひまのかかる手法に頼る必要がなくなり、遺伝子の解析は革命的に進歩した。マリスはこの研究で一九九三年にノーベル賞を受賞した。次節で述べる「ヒトゲノム解析」の進展も、PCR法が開発されたことに負うている。

8. ゲノムを解析して医療や産業に役立てる

ヒトゲノム解析

現在進行中の「ヒトゲノム解析計画」は、一九九〇年から一五か年計画で、ヒトゲノムの全構造を解析することを目標に、日本、アメリカ、イギリス、フランスなどの協力で国際プロジェクトとして始められた。この計画では、三〇億塩基対のヒトゲノムDNAの全塩基配列を解読するだけでなく、ゲノムにはどのような遺伝子があって、それらの遺伝子はどのような制御領域のもとで働いているのか、遺伝子全体がどのような相互作用で連携しているのか、遺伝子ではないスペーサーと呼ばれている領域のDNAはどのような機能をもっているのかなど、ヒトの生命が支えられている機構を解読することにあるという。がんや遺伝病に関連する遺伝子の解明が進み、それが治療法の開発につながることも期待されている。

当初は二〇〇五年を計画終了の目標にしていたが、その後ゲノムDNAの塩基配列の解読作業が順調に進んだため、計画が二年前倒しされて、二〇〇三年までに解読を終えることとなった。

こうした中で、二〇〇〇年一月アメリカのベンチャー企業セレーラ・ジェノミクス社が、ヒトゲノムDNAの塩基配列の約八〇%を独自に解読し、今までに公開されている他研究機関のデータを加え、全体のおよそ九〇%をすでにデータベースに収めたと発表した。アメリカを中心に日本など各国の公的研究機関が進めている「計画」の中で、ゲノムDNAの塩基配列の解読に関しては、アメリカの一民間企業に先を越された形となったが、今後の研究の焦点はゲノムに存在する遺伝子の機能の解析に移ったといえる。

解読されたデータをもとに病気に関連する遺伝子が発見されると、その機能の解析を進めることによって効果的な治療法を考えることが可能になり、今後の医療の進歩に与える影響は計り知れない。医療も、患者の遺伝子を調べて患者の体質に応じた治療法を確立するなど、「オーダーメイド医療」とか「テーラーメイド医療」と呼ばれる医療の時代になるという。

このような医療のためには、病気に関連した遺伝子の解読と、それを標的にした治療薬の開発が必要になるが、さらには患者が特定の病気にかかりやすいかどうか、薬が効きやすいかどうかなど、患者の体質の違いに関係する一塩基多型（SNP。DNAの塩基配列の中の一塩基だけが人によって異なる部分。後述）を調べることも必要になってくる。いずれにしても、ゲノム解析の結果が明らかになると、新しい医療の時代に対応した新しい治療薬開発のために、世界の製薬会社がしのぎを削ることになるだろう。DNAの配列そのものは特許の対象にならず、その配列の機能が明らかで「有用性」が認められる場合のみ特許として認められるというが、新薬の開発につながる特許の出願はこのところ世界的に急増している。有用遺伝子の数は有限であるから、特許出願取得でも国際競争は激しい。

ヒト以外の生物のゲノム解析

ヒト以外のモデル生物として、細菌、酵母、線虫などの小さい生物をヒトゲノム解析に利用することは、「計画」の中で当初から考えられていた。ヒトゲノムの解析で未知の遺伝子がみつかった場合、これと似た遺伝子がモデル生物の中でどのように働いているのか調べることが、ヒトの未知遺伝子の機能を推定する際の参考になる。このような経緯で、一九九五年にインフルエンザ菌（一・八三M塩基対、M《メガ》は一〇〇万）、一九九六年に大腸菌（四・六四M）、一九九七年に酵母（一三M）、一九九八年に線虫（九五M）、二〇〇〇年にはショウジョウバエ（一二〇M）とシロイヌナズナ（一二五M）の全構造が順次決定された。マウス（三〇〇〇M）の全構造もまもなく判明すると期待されている。

線虫は、体細胞数が九五九で体制が簡単な小動物であるが、受精卵から成虫に至るまでの細胞の系図が完全に記載されているので、ゲノム解析の結果に興味がもたれていた。一方ショウジョウバエも、最初の遺伝子地図を作成したモーガン以来遺伝学の研究に利用されているので、ゲノム解析の結果が待たれていた。解析の結果、ヒトにある遺伝子に類似した多くの遺伝子がこれらの小動物に存在していることが明らかになった。アポトーシス（本章6）にかかわる遺伝子群は線虫の研究から、ホメオティック遺伝子（体の形をつくる遺伝子）群はショウジョウバエの研究から発見されたのである。植物のシロイヌナズナは、他の植物に比べてゲノムが特に小さく植物の生長も早いので、遺伝子研究に広く使われてきた。この植物にも、ヒトの疾患に関連する遺伝子に似た遺伝子が存在するという。ヒトを含めたこれら生物のゲノム構造から、生物進化の過程を読み取ることも可能になるであろう。

ヒトゲノム解析については、第六章2（オーダーメイド医療と遺伝子診断）も参考にしていただきたい。

注目されるポストゲノム研究

ヒトゲノムＤＮＡの塩基配列の解読がほぼ終了したあと、ヒトの遺伝子研究は、ゲノムの解読作業から、病気の原因解明や新薬開発につながる遺伝子や一塩基多型（ＳＮＰ）の機能解析に移りつつある。ヒトゲノムＤＮＡの中で遺伝子として機能している部分は数％程度と考えられているが、この中で、企業が興味をもつ、病気に関連のある遺伝子数はその約一〇％とみられている。ヒト遺伝子の数はこれまで約一〇万個と推定されていたが、国際協力チームとセレーラ・ジェノミクス社の二〇〇一年二月に行った解析結果では三～四万個程度としている。この数はショウジョウバエのせいぜい二～

三倍であることから、ヒトでは一つの遺伝子が複数の異なるタンパク質をつくっていると考えられ、病気の原因解明にあたっても、このようなメカニズムが働いている可能性を考慮することが必要になる。一つの遺伝子が複数のタンパク質をつくるメカニズムとしては、スプライシング（本章1）の際に、すべてのエキソン同士を結合する場合と、いくつかのエキソンを選択して結合する場合があるとする、いわゆる選択的スプライシングが働くのではないかと考えられている。

ところで、ヒトゲノム解析では、膨大な塩基配列のデータの中から数%にすぎない遺伝子を効率よくみつけ出すために、バイオインフォマティクス（生物情報科学）と呼ばれる、生物学と情報科学を融合した新しい分野の技術が用いられるようになった。ゲノム解析で得られた情報を手がかりに新薬を開発するいわゆる「ゲノム創薬」でも、大量の遺伝子情報から病気に関連のある遺伝子をみつけ、その遺伝子産物であるタンパク質の立体構造や機能を推定しなければならないから、新薬の開発にはバイオインフォマティクスを欠くことができない。病気に関連のある遺伝子のタンパク質の立体構造を調べ、そのタンパク質の機能を制御できる化合物をコンピュータの画面上でデザインすることが治療薬の開発につながるのである。タンパク質の構造や機能を解明する学問分野はプロテオミクスと呼ばれ、バイオインフォマティクスとプロテオミクスはポストゲノム研究の中で重点がおかれる新しい分野である。

ポストゲノム研究では、まだみつけられていない遺伝子の探索とそれぞれの遺伝子がつくり出すタンパク質の特定が行われているが、その一方でヒトのゲノムに存在する個人差に着目した研究も行われている。それにより、遺伝子の塩基配列にはある程度の個人差があり、塩基配列のわずかな違いによって、そこからつくり出されるタンパク質にも違いがあることがわかった。このような違いが、病気にかかりやすいかどうかといった体質を大きく左右していると考えられる。

血友病やフェニルケトン尿症などは単一遺伝子病と呼ばれ、たった一つの遺伝子の異常で、一〇〇％かそれに近い確率で発病する。

これに対して、高血圧や糖尿病などの多くの生活習慣病（ありふれた病気ともいう）は、一つの遺伝子だけで発病することはなく、数種類以上の遺伝子が関与して、これに食生活などの環境要因が重なった場合にだけ発病することがわかっている。このように複数の遺伝子と環境要因が関係した病気は多因子遺伝子病と呼ばれる。

多因子遺伝子病である生活習慣病では、さまざまな環境要因がその発病にかかわっているが、同じような環境条件下でも、病気にかかりやすいヒトとそうでないヒトがいて、病気になる確率はその個人がもっている遺伝子のタイプによって異なるという。このような遺伝子の個人差は遺伝子の多型と呼ばれる。この中で、現在注目されているのが一塩基多型（ＳＮＰ、口頭ではスニップ）であって、ＤＮＡの塩基配列の中の一塩基だけがヒトによって異なる部分である。ヒトの遺伝子の塩基配列は世界中のヒトでほとんど共通しているが、三〇〇～一〇〇〇塩基対に一つの割合でＳＮＰが存在すると考えられており、ヒトゲノム全体としては三〇〇万～一〇〇〇万個のＳＮＰがあると推定されている。

生活習慣病にかかりやすい体質と、複数のＳＮＰの組合せの存在との間に関連があることが示唆されてから、ＳＮＰの解析が重視されるようになった。個人の体質の違いを決めているとされるＳＮＰは、病気にかかりやすいかどうか、薬の効果や薬の副作用の強弱（薬の代謝にかかわる遺伝子がある）

などを知る手がかりとなり、ＳＮＰの解析によって個人の体質にあった医療が行われるようになるのである。病気の要因に対して的確に効果を示す薬が開発され、個人の体質に合った薬が処方されることで、薬の副作用や無駄な薬の投与を減らして医療費を削減することも可能になるであろう。このようなわけで、ＳＮＰはポストゲノム研究の中で現在もっとも注目されており、日本はもちろん世界各国の企業や大学などの研究機関がＳＮＰ解析に取り組み激しい競争を繰り広げている。

ＳＮＰの解析を可能にしたのは、ＤＮＡチップと呼ばれる検査器具である。ガラスまたはシリコンなどの基板上に、数百から数万個の、塩基配列のわかっているいろいろなＤＮＡの断片を並べて固定化し、これに患者などから採った検査試料を流して、試料中のＤＮＡがチップ上のどのＤＮＡと結合するかを調べるのである。基板に並べるＤＮＡは一本鎖の断片にしておき、試料から採取したＤＮＡ断片も一本鎖にほぐしておく。両者の間でＡとＴ、ＧとＣが相補的に結合する性質（本章１）が利用される。このようなＤＮＡチップ上のＤＮＡのセットを変えることで、患者の遺伝子の変異やＳＮＰを一挙に解析できるのである。研究用だけでなく、個人の体質に合わせた「オーダーメイド医療」の診断器具としても期待されており、ＤＮＡチップの市場は今後大きく広がるものと予想される。

イネゲノム解析

植物では、イネゲノム解析が一九九一年から農業生物資源研究所を中心として行われてきた。イネは体細胞に一二個の染色体を二セットもち、このうちの一セットがゲノムで、ゲノムＤＮＡは四億三〇〇〇万塩基対からなっている。

農業生物資源研究所などの研究チームは、一九九九年一二月までに、イネゲノムDNAの全塩基配列の〇・二六％を解読し、データバンクに登録・公開した。イネのゲノムに存在して実際に働いている遺伝子は二万～四万個と考えられており、うち約一万二〇〇〇個についてその機能を推定している。

イネゲノム解析には一九九七年にアメリカから国際協力体制で実施したいという提案があり、現在では日本、アメリカ、カナダ、イギリス、フランス、インド、中国、韓国、タイ、台湾などが参加する国際プロジェクトになった。イネの遺伝情報がコムギなど他の作物の品種改良にも役立つことがわかり、世界の注目を集めている。

イネゲノム解析によって、イネの収量を増加させるなど品種改良に役立つ遺伝子の情報が得られると、このような遺伝子で特許を取得することが可能となる。ヒトゲノムと同様イネゲノムの場合にも、特許をめぐる国際競争は激しくなることが予想されたが、二〇〇一年一月、スイスのシンジェンタ社とアメリカのミリアッド・ジェネティクス社の両企業が、共同でイネゲノムを完全に解読したことを発表した。四億三〇〇〇万の塩基対に存在する約五万の遺伝子をみつけたという。ヒトゲノム解析の場合と同様、イネゲノム解析に関しても、国際協力チームは企業に先を越されたのである。

国際協力チームは二〇〇一年五月末までに全体の約二〇％を解読した。今後解読を加速させ、二〇〇三年度までには解読を終える予定だという。日本にはイネにかかわる長年の研究蓄積があるので、今後遺伝子の機能解析などでの成果を期待したい。

第三章　植物でのクローンづくり

——クローン植物はどのように利用されているか

植物の中でもわれわれの生活に関係深い果樹、野菜、花卉などの園芸植物には、無性的な栄養繁殖と呼ばれる方法でクローン増殖されているものが多い。これらの植物には、栄養繁殖しなければ繁殖できないそれなりの理由もあるのだが、組織・細胞培養は、栄養繁殖性植物からウイルスを除き、しかも効率よく種苗を生産させることに貢献している。

組織・細胞培養は古くから一般の農作物の育種にも利用されている。葯《やく》（花粉）培養や胚培養によって植物がつくられてから四〇年経つが、これらは今も用いられている重要な技術である。

現在は、組織・細胞培養に細胞融合や遺伝子組換えを組み合わせた技術が開発され、遺伝子組換えでは除草剤耐性の植物や害虫抵抗性の植物など有用な植物がつくられて、この新しい育種技術が注目を集めている。

1. クローン増殖を必要とする理由は何か

第一章1で述べたように、植物は無性的な栄養繁殖（無性繁殖ともいう）と呼ばれる方法で増やすことができる。このような生殖法によってつくられる個体はクローンであって、遺伝子型が親と同一で品質のそろった個体群である。

多くの植物は、有性的にも無性的にも繁殖させることができるので、植物の種類や特質に応じた繁殖法によって増やされている。イネ、ムギなどの作物、ハクサイ、キャベツ、ダイコンなどの野菜、ペチュニアなどの花卉は大半のものが種子で繁殖されており、これらの植物を増やす手段としては種子繁殖（有性繁殖ともいう）が一般的な方法となっている。種子で繁殖させる場合には、子の性質が個体ごとに違うと種子として販売する際の商品価値がなくなるので、どの品種も遺伝的に均一でなければならない。遺伝的に均一であるとは、いわゆる純系ということで、対立関係にある遺伝子のすべてが同型である個体を指している。しかし、純系を得るためには自家受精や同系交配（同一系統間の交配）を繰り返すなど、一〇～二〇年の長い年月が必要なので、経費はかなり高くつく。

また、野菜や花卉では一代雑種と呼ばれる種子が売られているが、これは遺伝的に異なる二つの系統のものを交雑して得られた雑種第一代を品種としたもので、雑種強勢といい、両親より優れた形質が現れる現象を利用したものである。この場合も、親にする二つの系統はいずれも遺伝的に均一なものを用いるのが普通で、一代雑種をつくるのにもやはり長い育種年月と多大の経費が必要になる。種子で繁殖させる場合にも、問題がいろいろあるわけである。

一方、植物の種類によっては、種子をほとんど形成しないものや形成しても発芽の悪いものがあり、このような植物では栄養繁殖でクローンを増殖させる必要がある。従来から無性的な栄養繁殖によって栽培されてきた植物は、もともと種子繁殖性の品種をつくることができないため、栄養繁殖しなければならなかったのである。種子繁殖に比べて増殖の能率は低いが、栄養繁殖は無性的に行われるので、親と同じ遺伝的形質をもった個体（クローン）を増やすことができる。種子を形成しなくとも苗を大量に増殖できることは大きな利点といえよう。

また、大部分の木本性および多年生の園芸植物（果樹、野菜、花卉など）は栄養繁殖によって増やされているが、主要な園芸植物のほとんどはこれまで長い年月にわたって交雑が行われてきているので、種子繁殖を行うと、個体の表現型が分離して、花型、花色、草勢などの形質がばらついて実用にならないのである。従来からの栄養繁殖には、挿し木（セントポーリア、キク、ベゴニア、カーネーションなど）、接ぎ木（リンゴ、モモ、カキなど）、取り木（ゴム、クロトンなど）、株分け（キク、セキチクなど）のほか、球根（チューリップなど）、鱗茎（ユリなど）、塊茎（ジャガイモなど）、ランナー（イチゴなど）などで繁殖させる方法があり、それぞれの方法で増やされている（第一章1）。

しかし、人為的にクローンをつくる場合の基幹技術である組織・細胞培養（本章2）を利用すると、これらの栄養繁殖性の植物をより効率よく大量に増殖できるので、組織・細胞培養が実用的なクローン増殖技術として現在広く用いられるようになった。ラン科植物は、挿し木などでの繁殖が難しく主に株分けで繁殖させるので増殖にかなりの時間を要すること、観賞価値が高く園芸植物の中でも特殊な存在であることなどから従来高値で取引きされてきたが、組織・細胞培養による大量増殖のおかげで、今では比較的安く購入できるようになった（本章3）。

ところで、これらの栄養繁殖性の植物がいったんウイルス病に感染すると、植物体からウイルスを除去するのは極めて難しいが、組織・細胞培養を利用して植物体から苗を育成すると、ウイルスが除去された、いわゆるウイルスフリー植物が比較的容易に得られる。ウイルス病に感染した植物からウイルスを除去できるばかりか、クローン苗を大量に増やせるのが、この技術の大きな特徴である（本章3）。

前にも述べたように、組織・細胞培養の対象になる植物は、果樹、野菜、花卉、林木、観葉植物などの栄養繁殖性のものが中心であるが、優良形質をもった植物のクローンを大量増殖できる利点から、本来は種子繁殖性の植物であるメロンやトマトでも、苗の増殖に組織・細胞培養が利用されるようになっている。種子繁殖性の植物の育種によって好ましい形質をもった個体が得られた場合に、その形質が遺伝的に固定されていなくても、その個体を組織培養することで、栄養繁殖性の植物の品種として利用することもできるのである。

最近は遺伝子組換えや細胞融合（本章5、6）によってさまざまな有用植物がつくられているが、遺伝子組換えや細胞融合によってこのような植物をつくるためにも、またつくられた植物を増やすためにも、組織・細胞培養などのクローン技術が必要であって、遺伝子組換えや細胞融合はクローン技術と不可分の関係にあることは第一章3でも述べた。

2. クローン技術を支える組織・細胞培養技術

組織培養と細胞培養

植物では、一個の細胞からでも完全な植物体が再生されることを第一章2で説明した。一九五八年に報告されたスチュワードらのニンジンを用いた実験の結果である。

この実験で行われたように、植物体から組織片や細胞群を取り出し、これを培養容器内の培地で培養する技術を組織培養と呼んでいるが、この技術自体は一九三〇年代から行われてきた古い技術である。しかし、この技術が実用面で使われるようになったのは、フランスでモレルらがウイルス病に感染したランの生長点近傍組織（茎頂組織）を切り取って培養し、ウイルスが除去された、いわゆるウイルスフリー株を得たことを報告した一九六〇年代からである。バイオテクノロジーの研究開発が盛んになった一九八〇年に入ると、日本国内でも組織培養を利用した研究が、大学や公的研究機関だけでなく、民間企業においても活発に行われるようになった。植物のクローン増殖が商業生産にも利用できる可能性があったからだが、それまで一部の植物に限られていた技法が、果樹、作物、野菜、花卉など多くの植物に広げられたのである。

組織培養でクローンをつくるためには、基本的に以下のような操作を行う（図3・5の茎頂培養法が参考になる）。クローンをつくりたい植物から切り取った組織を次亜塩素酸ナトリウムなどの溶液で殺菌したのち、クリーンベンチ（無菌培養操作台）内で無菌のメスを用いてこれから適当な大きさの組織片を摘出し、これを培養容器内の無菌の培地に置床し、培養室内で一定の温度と照明のもと培養する。培養後の時間の経過とともに、組織片から発芽、発根してある程度の大きさに生育した植物体を、無菌の土壌へ移植して活着させる。この際、外部の自然環境に馴らすための馴化《じゅんか》と呼ばれる操作を行って、外部環境への十分な耐性が得られた植物体が外界に出される。

組織を培養するための培地の組成は、一九三〇年代にほぼ確立されているが、現在もっとも一般的に利用されているのは、一九六二年に発表されたムラシゲ・スクーグ培地である。窒素、リン酸、カリなどの無機栄養素と鉄、亜鉛などの微量要素のほかに、糖類、アミノ酸、ビタミン類、植物ホルモン類（オーキシンとサイトカイニン）などの有機栄養素を水に溶かして液体培地とし、固形培地が必要である場合には、これに寒天などを支持体として加える。

通常植物は、土壌中から無機栄養素を吸収し、糖類、アミノ酸、ビタミン、ホルモンなどは光合成によって植物体自身が合成する。しかし、植物から切り取られた組織片は光合成ができないため、糖類その他の有機栄養素を培養液に加えなければならない。培養液全体としての塩濃度（イオン強度）やpHも培養する植物に合わせて調節する。

最近は、細胞融合植物をつくるために植物から分離したプロトプラスト（細胞壁が除かれたいわば裸の細胞、後述）を培養することが多くなったが、この場合の培養は細胞培養と呼ばれる。細胞培養では、固形培地ではなく液体培地が用いられることが多いが、プロトプラストの破壊を防ぐため、培養液にマンニトールなどを加えて浸透圧を調節しなければならない。細胞が分裂して得られたコロニー（細胞集落）をカルス（未分化の細胞集団、後述）増殖用の寒天培地に移してカルスを増殖させ、その後このカルスから植物体を再生する。

細胞（プロトプラストを含めて）を培養するのが細胞培養であるが、植物の細胞を培養するとほとんどの場合カルスが形成されるので、細胞培養はカルス培養と同義であるとされている。細胞培養という用語は、元来細胞から有用物質を生産させる場合の細胞培養系（第五章1）に対して用いられていたが、最近ではプロトプラストの培養系に対して用いられることが多くなった。

脱分化と再分化の条件を探る

植物から摘出した組織片を培地へ置床後、ある程度の培養期間を経て、発芽・発根した幼植物体が得られる。植物体が得られるまでの経過は、親植物のどの部分が組織片として用いられたか、培養にどのような培地が用いられたかといった条件で異なる。茎の先端の細胞分裂の盛んな茎頂部分を組織片とした場合には、茎頂組織から一つまたは複数の芽が出るので、これらの芽から植物体を再生できる。茎頂以外の茎や葉から切り取った組織片の場合には、それから誘導されてくる芽（不定芽と呼ばれる）を利用できる場合もあるが、多くの場合、組織片にカルスを形成させ、そのカルスから誘導される不定芽を利用する。カルスから不定芽を誘導させる場合には、誘導に適した培養条件を探ることが必要になる。

植物が受精して新しい個体がつくられる発生の過程で、個々の細胞が特殊化した細胞になってゆくことを分化というが、植物体の一部を切り取ってオーキシンを含む培地で培養すると、カルス（図3・1）と呼ばれる未分化の細胞集団となる。このように、分化した細胞がその特性を失うことを脱分化

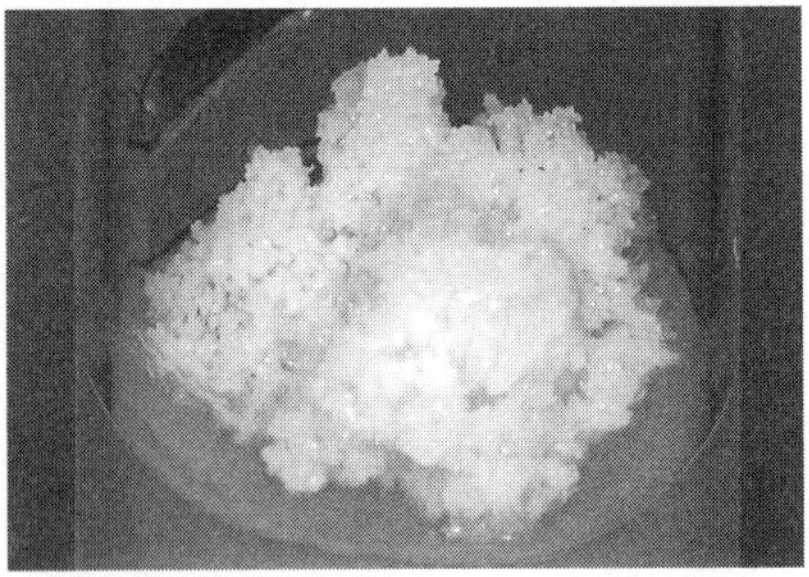

図3•1　オレンジのカルス（三位正洋）

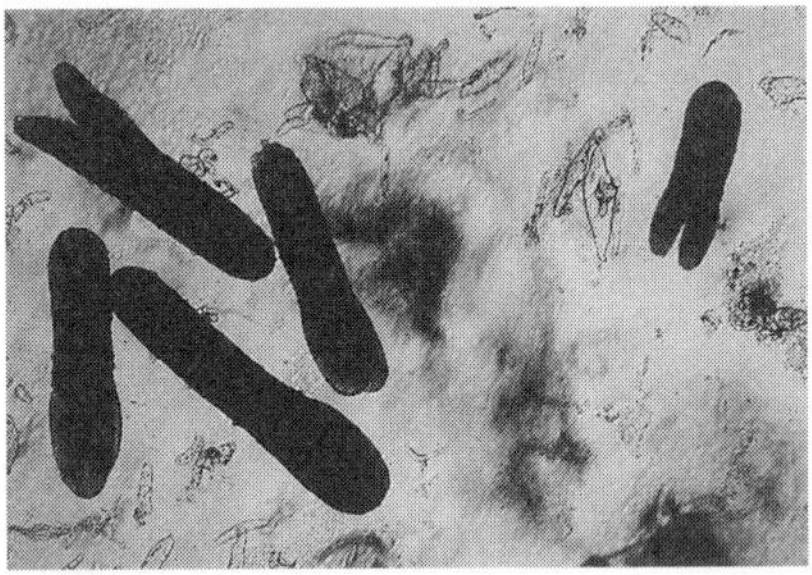

図3•2　ニンジンの不定胚（三位正洋, 1991）

と呼んでいる。カルスを移植して同じ培地で培養すると無限にカルスとして増殖を続けるが、このようなカルスを適当な培地におくと、芽や根が形成されて植物体に分化する。これをカルスの再分化と呼ぶ。カルスのような本来なら発生するはずのない部位に形成された芽を不定芽、根を不定根というのである。

不定胚（図3・2）と呼ばれる器官が培養組織やカルスから分化してくる場合もある。不定胚は通常の受精によらず形成される胚であって、受精胚と同様な形態的変化を経て形成されるが、これから芽と根が形成されると植物体が再生される。

カルスからの不定芽の誘導など再分化の条件については古くから研究されているが、このような条件は、植物種、品種、植物体の部位、生理状態により異なるので、培養液の組成などそれぞれの場合について最適な条件をみつけなければならない。培養液には植物ホルモンとしてオーキシンとサイトカイニンが添加されていて、この二つのホルモンの相対的関係が脱分化と再分化に重要な役割を果たしている。一般的には、オーキシンに対してサイトカイニンの量的な割合が高い場合に不定芽の分化が促進され、逆の場合には不定根の分化が促進される。クローン植物をつくる場合の培地条件が植物によってはかなり解明されているので、そのような植物では組織培養でクローン植物をつくるのは比較的容易である。しかし、植物の種類によって、あるいは同じ植物でも品種によって、培養にはかなりの難易がある。また、培養に適切な条件が不明で培養がまったく困難な植物もある。

オーキシンとサイトカイニンは、それぞれの生理作用をもつ類似の化合物群の総称であって、オーキシンにはインドール酢酸（IAA）、2、4-D、α-ナフタレン酢酸（NAA）などが、サイトカイニンにはベンジルアデニン（BA）、カイネチンなどが含まれている。

第一章2で、ニンジンのクローンづくりについて説明したが、この場合の培養では、細胞は分裂してから胚様組織を経て植物体となる。つまり不定胚が分化するのである。どの植物でも不定胚が分化するわけでなく、不定胚が分化する植物はむしろまれであって、不定芽か不定根が分化する場合が多い。不定根だけが分化しても必ずしも植物体にならないが、不定芽が分化すると葉と茎ができるので、この状態から発根させることは比較的容易である。ニンジンのように不定胚が分化する植物の場合には、オーキシンによって形成されたカルスをオーキシンを含まない培地へ移すことで不定胚を分化させると、やがて芽と根が形成されて植物体が再生される。

保母培養と呼ばれる培養法もある

よく知られたホルモン類だけでは細胞が分裂しない場合に用いられる方法に、保母培養（ナース・

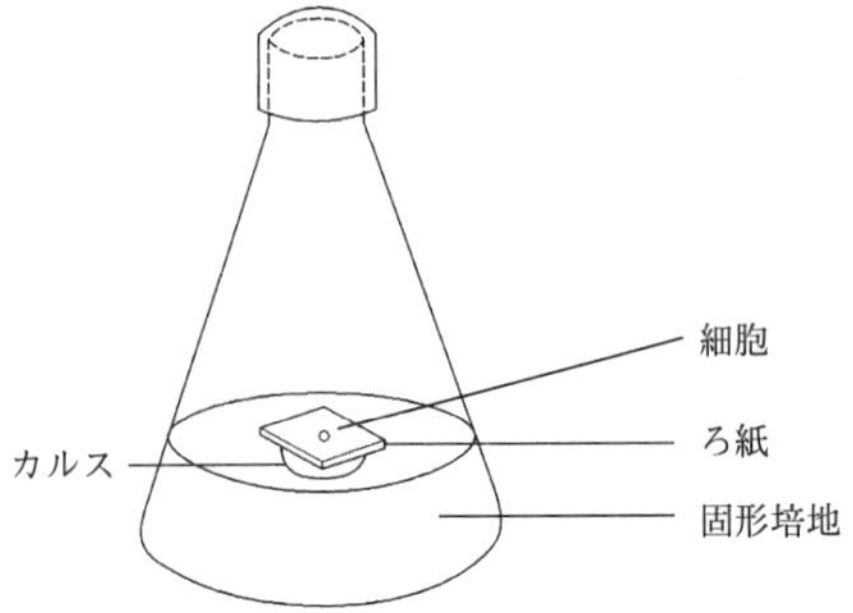

図3•3　保母培養（ナース・カルチャー）

カルチャー）がある。これは図3・3に示すように、活発に増殖しているカルスを固形培地上におき、その上にカルスよりも大きいろ紙を敷いて、ろ紙を通してカルスが分泌する細胞分裂促進物質などが十分しみわたるようにする。このろ紙の上に、分裂させたい細胞をおいて培養するのである。比較的短時間、何らかの細胞の培養に使った液体培養液を新鮮な培養液に加えて用いる、順化（コンディショニング）と呼ばれる方法もあり、この方法では液体培養液中に細胞から分泌された未知の細胞分裂促進物質が利用される。

植物の種類によっては一向に分化せず、クローン植物をつくるのが難しいものもあるので、再分化条件の確立には新しい発想に基づく研究も必要である。

一個の細胞から植物体を再生させる

ニンジンでは一個の細胞から植物体が再生されているが（第一章2）、このように細胞がその種（species）のすべての組織・器官に分化して、個体を形成しうる能力を分化全能性と呼ぶことはすでに述べた。動物では受精卵が全能性をもつとされているが、植物細胞では受精卵のみならず、ほとんどすべての体細胞が全能性をもっている。

増殖しているカルスを液体培養液に懸濁して振とう培養すると、カルスの塊がくずれて細胞群になり、適当な条件下でこれらの細胞群は不定胚や不定芽に発育してゆく。ニンジンなどでは、単一細胞が分裂して、受精卵からの胚発生と似た形態的な変化を経て、不定胚が形成される様子が観察できる。

一九七〇年、長田と建部は、タバコの葉からプロトプラストを単離し、これを培養して植物体を再生させることに成功した（本章5）。プロトプラストとは細胞膜の外側をおおう細胞壁を除いた、いわば裸の細胞であるが、このプロトプラストの実験も単一の細胞から植物体が再生される事実を示しているといえよう。本章5で紹介する細胞融合では、異なった植物起源のプロトプラストを融合して新しい雑種植物をつくるが、融合された一つの雑種細胞から植物体が再生されることによってのみ、この技術が育種技術として成り立つのである。

単細胞からの植物体の再生という意味では、細胞壁をもつ培養細胞から取り出した一個の細胞からも植物体を再生できることが示されている。この場合には、前に述べた保母培養を単細胞の生育に用いることができる。固形培地上のカルスの上に敷いたろ紙上に単細胞をおくと、単細胞はろ紙上で分裂するようになる。細胞壁をもつ単細胞よりもプロトプラストのほうが植物体再生が容易だと考えられているが、細胞融合により雑種細胞をつくり、これから植物体を再生させることは、プロトプラストでのみ可能である。

3. 組織培養によって植物のクローンをつくる

ウイルスフリー植物を得る

一九五二年にフランスのモレルらは、ウイルス病に感染したダリアの茎頂組織（茎の先端にある組織）を切り取って培養（茎頂培養という）し、これを個体にまで生育させることによって、ウイルスが除去されたいわゆるウイルスフリー株を得ることに成功した。その後同じような方法で、ウイルス病に感染したランからウイルスフリー株を得ることにも成功した。茎頂培養によると、ウイルス病に感染した植物からウイルスを除去できるばかりでなく、同じ遺伝子型をもつクローン植物を大量に増やすことができるので、それまでは株分けでしか増やせなかったランを大量増殖させる道が開かれることになった。ランの業界では、組織培養で繁殖した苗をメリクローン苗と呼んでおり、この言葉はラン以外の植物の組織培養苗についても使われるようになった。メリクローン苗は、メリステム（茎頂組織などの分裂組織）とクローンを組み合わせた造語である。図3・4に茎頂組織を示す。

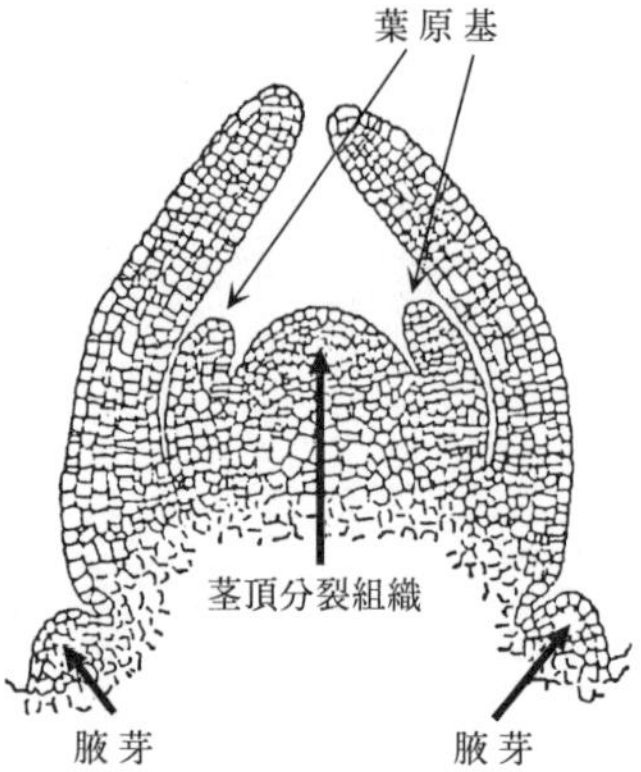

図3•4　茎頂組織

植物がウイルス病に感染すると、葉に褐色の斑点ができたり、葉がモザイク症状（緑色の部分と黄緑色の部分が混じり合って斑紋となる）を呈したり、植物全体が委縮、黄化して商品価値がなくなり、ひどい場合には枯死してしまう。植物ウイルス病の多くのものは種子伝染しないので、種子で繁殖させるイネ、ムギ、野菜などのウイルス病の場合には、世代の更新によってウイルスが除かれる。次世代の植物にウイルスが残ることはないのである。しかし、無性的に栄養繁殖させる植物では、一度親株が感染すると、ウイルスはいも、球根あるいは挿し木などを通じてその後代に伝わり、ついにはその植物の品種の全株がウイルスに感染してしまう。

植物の病気には、ウイルスのほかに糸状菌（かび）や細菌などによるものがあるが、糸状菌や細菌による病気に対しては有効な農薬があるので防除できる。しかし、ウイルス病に対して有効な農薬はまだ開発されていないので、ウイルス病に感染した栄養繁殖植物からウイルスフリー株が得られる茎頂培養は、ウイルス病防除に欠くことのできない技術となっている。畑などの土壌に植え付ける苗にウイルスフリー株を用いても、植えられたあとでのウイルスによる再感染に対してまったく無防備であることはいうまでもない。したがって、毎年植え付ける苗をすべてウイルスフリー苗で更新しなければ効果は少ない。

日本では、一九五七年から農林省農事試験場で約一〇年にわたって研究が行われ、その後多くの府県の試験場でも研究が行われて、無病苗育成の事業化などが進んだ。外国での研究も含め、組織培養によってウイルスフリーになった植物は、野菜類、作物類、花卉類、果樹類などで五〇種以上に及ぶ。ウイルスフリーになった植物は、ウイルスの病徴が消えることで商品価値が高まり、生産力や品質もよくなる。府県や農協が設けた施設で大量増殖されたクローン苗が一般農家にも供給され、とくにイ

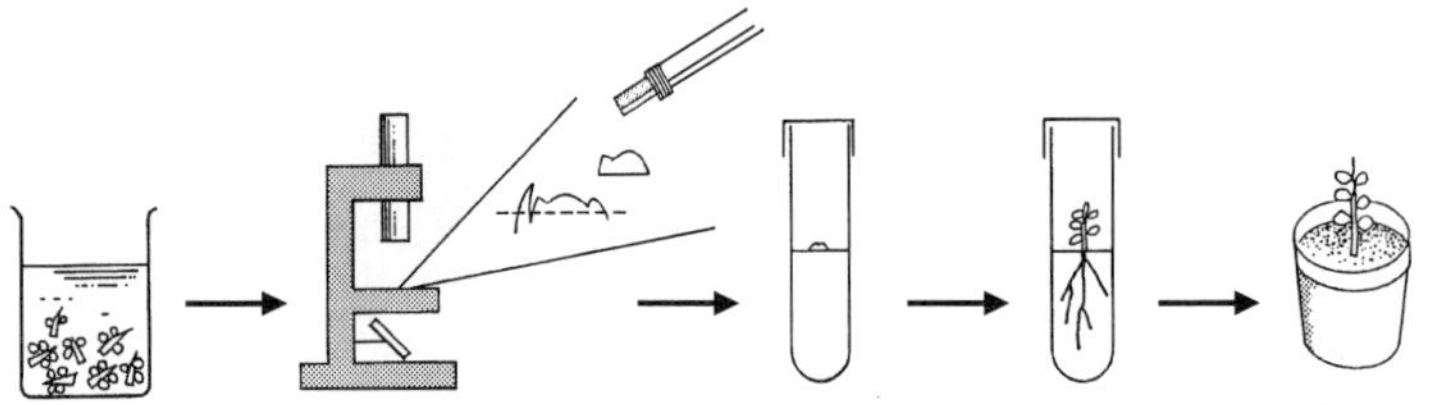
材料の消毒
茎頂組織の摘出
（クリーンベンチ内で操作）
蛍光灯の照明下におく
土壌に移植
図3•5　茎頂培養法

チゴではほとんどがウイルスフリー苗である。

ウイルスフリー株をつくる茎頂培養はどのような手順で行われるのだろうか。またその培養によって、なぜウイルスが除去されるのだろうか。この方法では、茎の先端の茎頂組織を切り取り、これを試験管などの容器内の適当な培地上におき、一定の温度と照明のもとで培養する。これらの操作の大要は本章2で述べたとおりである。植物がウイルスに感染すると、ウイルスは植物体の全身に広がってしまうが、茎頂組織にはウイルスが存在しないと考えられるので、この部位を切り取って培養することによって、ウイルスフリー株が得られる。先端から〇・二〜〇・五ミリメートルくらい、場合によっては一・〇ミリメートルくらいまでの組織片を切り取って植える。ウイルスがなぜ茎頂組織に存在しないのか明らかでないが、茎頂分裂組織での細胞分裂の速度が、ウイルスがその増殖に伴って細胞から細胞へと移行してゆく速度より速いためではないかと考えられている。切り取る組織片が大きくなると、ウイルスフリーの個体が得られる確率は低くなる。

図3•5に示すように、消毒した材料から茎頂組織を切り取って培養するのであるが、培養に適切な培地は植物の種類によって異なり、同じ植物でも品種によって異なる場合があるから、培地についての詳しい検

図3・6　イチゴの茎頂培養

討が必要になる。早いものでは一か月程度で葉、茎、根を形成するが、かなり長期間の培養を必要とするものもある。適当な大きさに生育した植物体は、試験管などの容器から取り出して殺菌した土壌へ移植する。図3・6は茎頂培養で育成中のイチゴの幼植物である。

実用化の最初はランのクローン増殖

前に述べたようにフランスのモレルらは、一九五二年に茎頂培養によってダリアでウイルスフリー株を得ることに成功し、一九六〇年にはシンビジウム・モザイク・ウイルスに感染したシンビジウムを用い、ウイルスフリー株を得る目的で茎頂培養を行った。その結果、実生で胚が発育した場合にできるプロトコーム（原塊体）によく似たプロトコーム状の球体が置床された茎頂組織から形成され、やがてこれから葉と根が現れることがわかった。また、この球体はしばしば数個から十数個の集塊となり、それぞれが幼植物体になったが、これらの植物体は培養に供した親株と同じ遺伝子型をもつクローンであって、いずれもがウイルスフリー株であった。

モレルらはその後の報告で、プロトコーム状球体を細切して培養すると、それぞれが再びプロトコーム状球体を形成することを述べている。同じ操作を繰り返すと大量のプロトコーム状球体が得られるから、これらを分化用の培地に移せば、大量のクローンが得られるわけである。図3・7にラン（シ

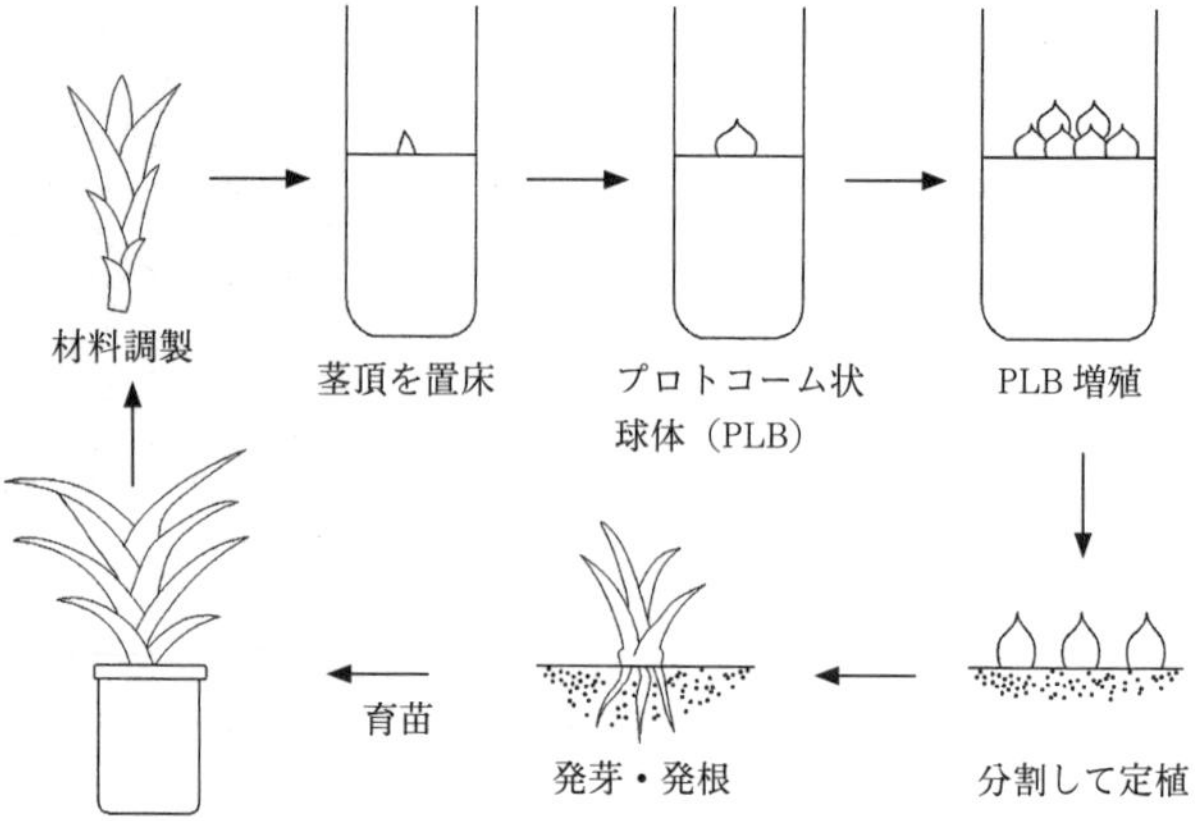

図3•7　シンビジウムの茎頂培養の手順

ンビジウム）の茎頂培養の手順を示した。

クローンを大量増殖させる方法

茎頂培養では、ウイルスに感染した植物からウイルスを除去できるばかりか、一つの茎頂組織に多数の芽を形成させてそれぞれを植物体に育てることも可能で、この場合にはクローンを大量増殖させることができる。茎頂部から切り取る組織片が〇・二〜〇・五ミリメートル程度の大きさの場合には、一つの組織片の培養で通常一個体しか得られないが、ウイルスフリーの個体を得るためには組織片はこのように小さいほうがよい。組織が大きいと得られる個体がウイルスフリーにならない確率が高くなるからである。しかし、茎頂培養によって多数の個体を得たい場合には、通常一・〇〜二・〇ミリメートルくらいの大きい組織片を切り取って培養する。この大きさであれば、組織片に茎頂分裂組織（生長点）のほかに、葉の原基（発生初期の葉）がいくつかつくことになるので、その原基の腋に生ず

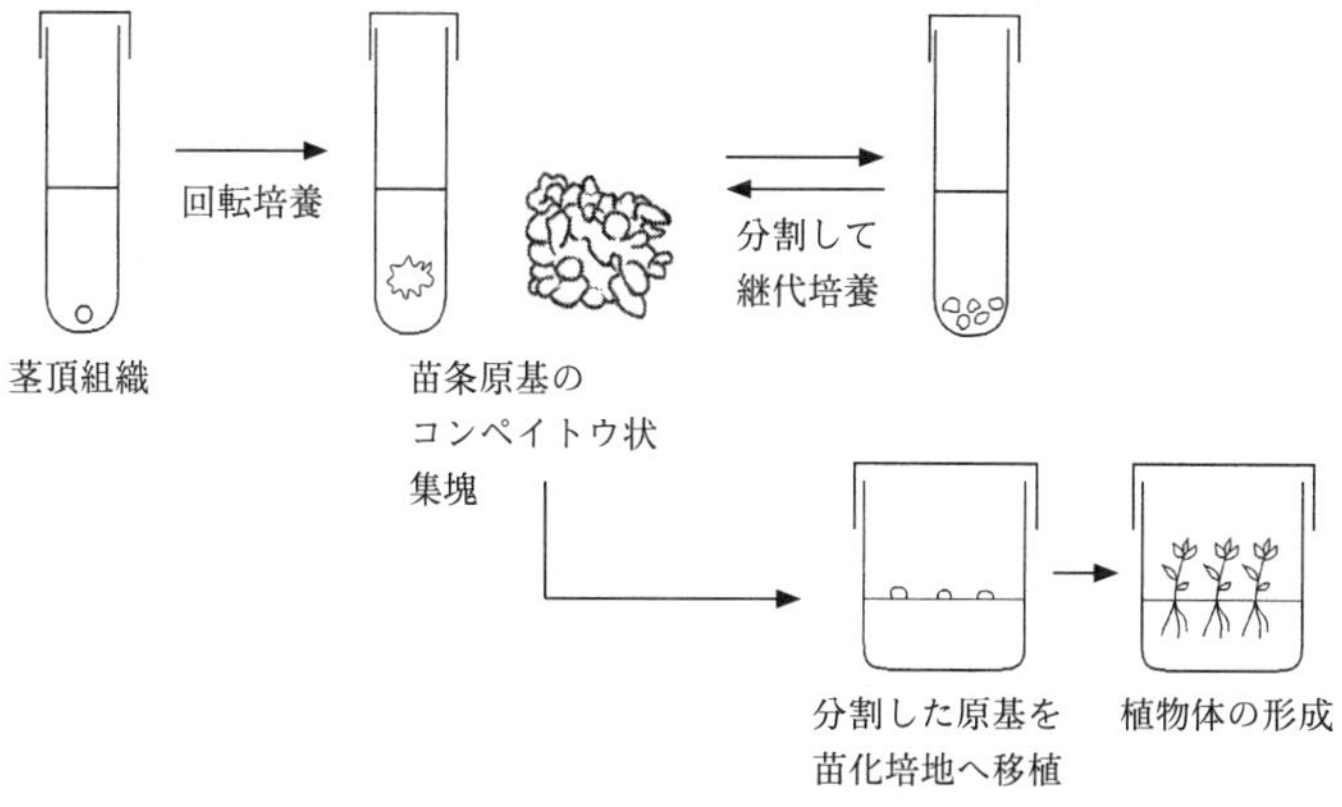

図3•8　苗条原基の誘導と継代培養

る腋芽（図3・4）が生長して個体の数が増えるのである。

ランの増殖も茎頂培養による大量増殖の例である。これはラン類に限られた方法であって、プロトコーム状球体をつくらない植物には適用できない。茎頂組織片を培養して大量のクローンを増殖させる他の方法としては、一九八三年に田中らによって開発された苗条原基（発生初期の茎と葉の意）誘導法がある。茎頂組織を液体培地に入れて垂直回転培養を行うと、組織は重力刺激から開放されて頂芽優勢が乱されるため、培養組織は多数の腋芽の集合体となって、コンペイトウ状の苗条原基の塊（図3・8）を形成する。この塊から一つひとつの苗条原基を分割して継代培養することが可能で、これから植物体を形成させることもできるので、効率のよいクローン増殖法である。単なる茎頂培養よりも効率がよいので、野菜や花卉で実用可能な技術として検討されてきた。メロン、イチゴ、ワサビ、フキ、サツマイモ、ニンニク、ラッキョウ、タマネギ、アスパラガス、リンドウ、スイセン、ユリなどで苗条原基の誘導に成功している。

ここまで述べてきたのは茎頂という細胞分裂が盛んな部位で、植物体を再生するのにもっとも好都合な組織を用いた場合の大量増殖法であるが、茎頂以外の組織も大量増殖のために利用されている。茎頂以外の茎や葉などの組織を培養して不定芽や不定胚を大量に誘導し、これらを植物体に育てるのである。不定芽は茎葉などの組織片から直接誘導される場合と、組織片に形成されたカルスから誘導される場合とがあり、ほとんどの場合不定芽はカルスを経由して誘導される。カルスからの不定芽の誘導には、前にも述べたように、オーキシンとサイトカイニンの量的なバランスが重要で、オーキシンに対してサイトカイニンの量的な割合が高い場合に不定芽が誘導される。しかし、カルスを経由することによって形成された植物体には遺伝的変異が起こりやすいので、この点が検討課題である。茎葉などの組織にカルスを形成させ、そのカルスを大量に増殖させ、カルスから不定芽を誘導すると大量増殖は効率的に行われる。しかし、遺伝的変異を避けるためには、カルスを経由せず組織に直接不定芽を形成させる方法が好ましいので、現在そのような方法が検討されている。

不定胚の誘導にも、組織片から直接誘導する方法とカルスを経由する方法とがあり、不定胚の場合も、組織由来のカルスから誘導される場合が多い。オーキシン単独かオーキシンとサイトカイニンを含む培地で長期間継代培養したカルスを、多くの場合ホルモンをまったく含まない培地に移すことによって誘導しているが、植物によって誘導の条件がかなり異なることはいうまでもない。不定胚の誘導に成功した植物はセリ科（ニンジンはこの中に含まれる）、ナス科、マメ科、イネ科など少数の科に偏っていて、不定胚誘導は植物によっては必ずしも容易でないが、それでも誘導に成功した植物は二〇〇種を超えている。

不定胚は増殖の効率が高く、しかも液体培養を基盤にした大量増殖を工業的な規模で実施できる可能性があるので、実用性の高い種苗の大量増殖法として、その誘導には期待がかけられている。カルス経由の不定芽の場合と同様、カルス経由の不定胚から再生された植物には遺伝的変異の発生が認められるので、不定胚誘導の場合もカルスを経由しない方法が望まれているが、このような方法で誘導に成功した植物種は今のところ極めて少数である。

人工種子の作成と植物工場での生産

不定芽や不定胚を基にして大量増殖された植物体は、馴化と呼ばれる過程を経て苗として利用される。不定芽や不定胚を、発芽に必要な栄養分などと一緒にアルギン酸カルシウムのゲルなどでカプセル状に包んだ、いわゆる人工種子（外見は人工イクラに似ている）を作成できれば、苗の馴化は必要なくなり、一時的な保存も可能になって、栽培地へ供給する場合の貯蔵や輸送も簡便になるであろう。

このような発想が実用化に向けて動き出したのは、一九八三年にアメリカのプラントジェネティック社が、セルリーやニンジンで人工種子の特許申請を行って以降である。その後、日本でもキリンビールとライオンが研究に着手した。天然の種子のように畑に播いて、遺伝的性質が同じクローン植物を、種子を播いたときと同じように生産することを目的としている。キリンビールはプラントジェネティック社と共同で、一九八八年にセルリー（不定胚）とレタス（不定芽）の人工種子の量産技術を確立した。一グラムのカルスから、半年後には、セルリーで約一〇〇〇万個の不定胚が、レタスで約一〇万個の不定芽が得られるという。

人工種子は、これまでにセルリー、レタスのほか、ニンジン、アルファルファ、アスパラガスなどでつくられてきた。しかし、発芽率がまだ十分に高くないことのほかに、長期の保存になお問題があること、人工種子製造のコストが今のところやや高いことなど、実用化までに解決すべき点は多い。近年、日本でも植物工場の研究開発が進められており、このようなシステムの中でこそ、人工種子が生かされるという考えもある。

植物工場は、生育環境が好適に制御された条件下で、植物を年間を通して連続的に生産するシステムであって、自然環境に左右されることなく計画的かつ効率的に生産できること、普通の栽培のように土壌で栽培するのでなく水耕栽培にするため病害虫から植物を保護できること、作業も自動化、省力化しやすいことなどの利点をもっている。光エネルギーをランプの照明に頼る完全制御型と、太陽光を主に利用する太陽光利用型があるが、いずれにしても電力料金のコストが高いため、一般に普及するまでには至っていない。

外国で本格的な研究が始まったのは一九七〇年代からである。現在アメリカで実用化されているのは、完全制御型ではレタス、サラダナ、ホウレンソウなど、太陽光利用型ではリーフレタスなどの栽培である。日本では、日立製作所の高辻らによって研究が始められたが、その設計によるダイエー船橋らら ぽーと店のバイオファーム（完全制御型）ではサラダナやレタスを連続生産して実際に販売を行い、話題を集めた。このほか日本では、完全制御型でモヤシ、キノコ、太陽光利用型でカイワレダイコン、ミツバ、葉ネギ、トマトなどの栽培が実用化されているが、光のエネルギーをあまり必要としない栽培期間の短いものに限られている。

高辻は、人工環境下で水耕栽培を行う狭義の植物工場のほかに、組織を培養してクローンを増殖させるシステムや細胞を培養する細胞大量培養システムを含めた広義の植物工場を提唱している。組織や細胞を大量に培養するためには、工場的規模の培養施設や人工的に制御された好適な環境条件が必要である。

高山らは、一般の微生物の発酵に使用されている培養槽（ジャーファーメンター）を植物種苗の液体培養に利用して、イチゴ、グラジオラス、ユリ、ジャガイモ、サトイモなどの増殖を効率的に行っている。このような液体培養に供する組織は、茎頂培養によって得られた多芽状の組織などである。液体培養を終えたのち、得られた植物体、球根などを土壌に移植して苗を生産する。

4. クローン技術を育種に利用する

培養によって生じた変異体の利用

カルスから不定芽や不定胚を誘導すると、再生された植物に遺伝的変異が起こりやすく、親と違った性質を示すものが現れる場合のあることはすでに述べた。このように、組織培養によって再生された植物に生ずる変異は体細胞突然変異（ソマクローナル・バリエーション）と呼ばれており、クローン増殖では、なるべくこのような変異体が現れないような手だてを講じなければならない。しかし、変異体での変異形質には、草丈、種子稔性、耐病性、収量の増大など育種の素材として有用なものがあるので、このような変異体をむしろ有効に利用しようとする試みも行われている。

また、プロトプラストを経由した再生植物にも変異がみられることが多く、このようなプロトプラストによる変異は、プロトクローナル・バリエーションと呼ばれている。これはソマクローナル・バリエーションの範疇に含まれる用語である。プロトクローナル・バリエーションにおいても、ジャガイモやイネなどで新品種がつくられるなど、その変異体が有効に利用されている。

カルスやプロトプラストなど細胞レベルの段階で、これに病原菌の毒素や除草剤などのストレスを加え、ストレスに対して耐性を示したものを選抜し、これを植物体に再生して変異体を作出することも行われている。この方法により、病害抵抗性あるいは除草剤耐性などの植物体をつくる努力が続けられてきたが、当初期待したほどの成果は得られていない。

花粉を培養して得られた半数体植物の利用

雄しべの先にある花粉が入った器官を葯《やく》という。この葯を培養して世界で初めて植物体を再生させたのがインドの研究者で、一九六六年のことである。チョウセンアサガオの葯を培養したところ、葯の中の花粉から胚のようなもの（不定胚）がつくられ、さらにこれが植物体に再生されたのである。植物体の染色体数を調べてみると半数体であることがわかり、この植物体が花粉細胞から再生されたものであることが確かめられた。花粉と卵細胞はそれぞれが半数の染色体しかもっていないが、受精することによって通常の二倍体の植物ができるのである。葯を培養するから葯培養と呼ばれているが、花粉ではなく葯壁などの体細胞から植物体が再生される可能性を除くために、葯から花粉だけを遊離して培養する場合は、とくに花粉培養と呼んでいる。

インドで葯培養に成功してから二年後の一九六八年には、中田らがタバコで、新関らがイネで半数体をつくることに成功した。現在では一〇〇種以上の植物で半数体が得られている。このような半数体の植物では、二倍体の植物では表現型として現れない劣勢形質も表現型として現れてくるので、有用な劣性遺伝子を容易に選抜できるのである。望ましい形質をもつ個体同士を交配して雑種植物をつくり、この植物の花粉を培養して多くの半数体を育成し、コルヒチン処理によって染色体を倍加すると、同質二倍体（同じ染色体のセットを二組もつ個体）が得られる。これらの植物体の中から望ましい形質を併せもった植物体を選ぶと、そのままで遺伝的に固定された品種となるため、育種に要する年数がかなり短縮される。

しかし、現在のところ葯培養に成功しているのはナス科、イネ科、アブラナ科の植物が主で、他の植物での成功例は少なく、この技術をすべての植物に応用するには至っていない。

胚培養によって種間・属間の雑種植物をつくる

組織培養を植物の育種に利用したこのほかの例として胚培養がある。種や属が異なった二つの植物を交配した場合に雑種胚ができるが、このような胚は種子となる前に退化して正常には生育しないことが多い。遠縁の場合には交配しても種子が形成されにくいのである。ところが、受精後の若い胚を摘出して適当な培地上で培養すると、それが発育を続けて植物体になる。胚培養と呼ばれるこの方法は、雑種胚を救済して遠縁の植物間の雑種をつくることを可能にする技術といえよう。一九五九年に西らは、ハクサイとキャベツの雑種植物であるハクランを胚培養により育成したが、一九八六年にはトキタ種苗とキリンビールが、キャベツとコマツナの雑種である千宝菜を育成した。千宝菜は商品化され市販されている。

植物の受精と不和合性の現象

遠縁の植物間でも、受精が可能な場合には胚培養によって雑種植物が得られている。この植物の受精はどのような過程を経て行われているのだろうか。

複雑な過程をごく簡潔に説明すると以下のようになる。花粉がめしべの先端の柱頭につくと、花粉は発芽し、花粉管を伸ばして子房の胚のうと呼ばれる部分に侵入する。花粉管の中には精細胞があり、これが胚のうにある卵細胞と受精する。同じく伸長した数多くの花粉管の中の一つの花粉管だけが一つの卵細胞と受精して、その他の花粉管は受精にあずからない。動物の場合も、莫大な数の精子の中で受精にあずかるのはただ一個であるのと似ている。

動物では、精子のミトコンドリアは卵子内に入ることができないので、雄親のミトコンドリア遺伝子は子孫に伝わらないが、植物でも花粉管の中の精細胞だけが卵細胞に入るので、雄親の細胞質にあるミトコンドリアや葉緑体の遺伝子は子孫に伝わらないという共通点もある。これについては第二章4ですでに述べた。受精が終わると、受精卵は細胞分裂を繰り返して胚になる。

イネ科の植物の中には自家受精ばかり行っているものもあるが、環境に対する適応性を得るためには、できる限り自己の花粉以外の花粉で受精することが望ましい。花に雄花と雌花の別があったり、

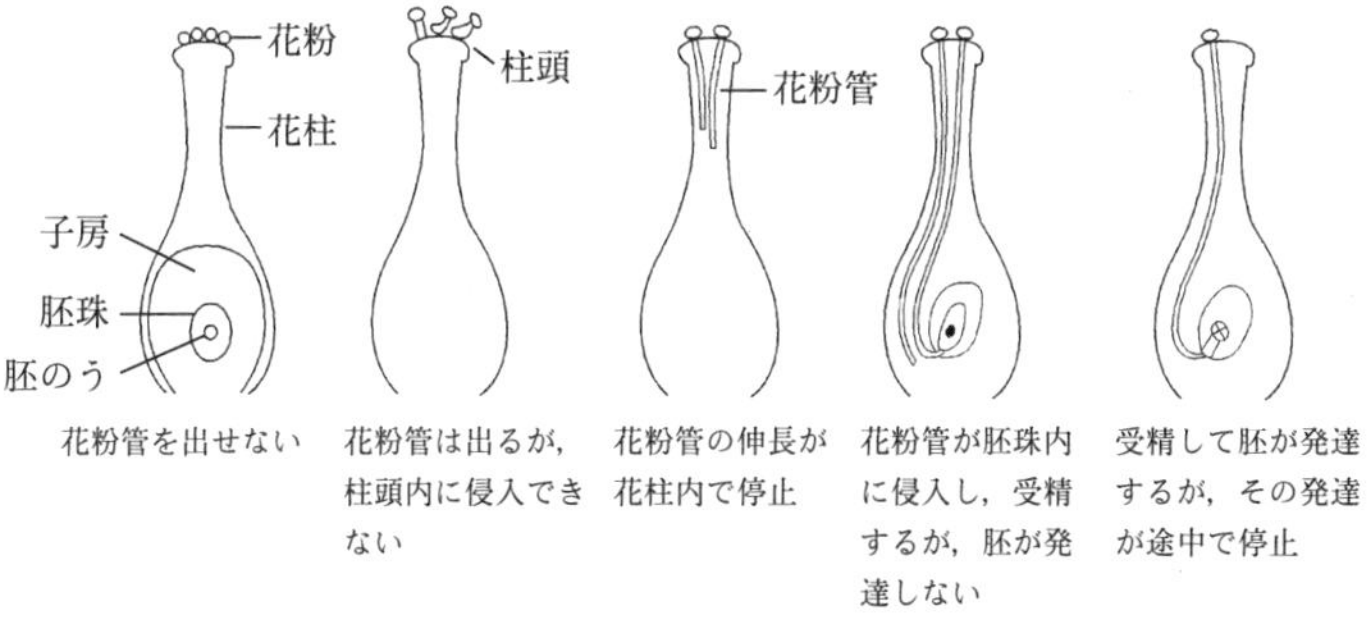

図 3•9　不和合性の機構（鎌田博・原田宏，1985 より改変）

さらに雄花と雌花を咲かせる植物が別の個体となっているのは、自家受精を防いでいる例である。しかし、自家受精を防ぐ機構の中でもっとも数が多いのは自家不和合性であって、この場合には、柱頭上での花粉の不発芽、柱頭内への花粉管の侵入阻害、花柱内での花粉管の伸長阻害、花粉管が胚珠（この中に胚のうがある）内に到達して受精した場合にみられる胚の発達阻害、受精後胚が発達してもその発達が途中で停止する、などの現象によって自家受精が防がれていると考えられている（図3•9）。この場合の不和合性は同一種内で起こる現象で、異種間で起こるこのような不和合性は交雑不和合性と呼ばれる。交雑不和合性は種間、属間で一般に認められる現象である。

普通に受精するが、交雑不和合性によって受精後の胚の発育が阻害されている場合に、前述の胚培養が雑種植物を得るための有効な手段となっているのである。柱頭や花柱に不和合性の原因がある場合に、未受精の胚珠を培地上におき、その周囲に花粉を播き、これから花粉管を伸ばして胚珠内で受精させる、試験管内受精と呼ばれるまさに動物の体外受精のような方法も雑種を得るために行われている。不和合性の程度が高くて、花粉が発芽しなかったり、発芽しても花粉管が柱頭内に侵入できない場合には、次節以降で述べる細胞融合や遺伝子組換えが、雑種植物を得るための技術として期待されるのである。

5. 細胞融合植物のクローンをつくる

細胞融合とは

細胞融合は遺伝子組換えと同じく、植物バイオテクノロジーの主要技術の一つであって、種間や属間など通常の交配では雑種をつくることができない植物の間での雑種植物作出を目的としている。西ドイツのマックス・プランク研究所のメルヒヤースらによりジャガイモとトマトの細胞融合植物である「ポマト」（図3・10）がつくられて話題になったのは一九七八年であった。地上部にトマトができ、地下部にはジャガイモができて、いずれも食用に役立てられるという期待があったのかもしれないが、現実には果実もいもも貧弱で、種子を得ることもできなかった。しかしこの研究は、融合させた二つの細胞の遺伝形質を、融合によって得られた雑種植物に導入できたという点で画期的であった。このままでは実用にならないが、トマトにジャガイモの耐寒性を、あるいはジャガイモにトマトの耐暑性を導入することができれば、育種上のメリットは大きいであろう。このような育種は、従来の交配では不可能だからである。

二種類の植物の細胞同士を融合させ、融合した細胞から植物体を再生して新しい遺伝子の組合せをもつ植物をつくるのが細胞融合技術であり、二種類の細胞を単にそのまま融合させた場合には、通常

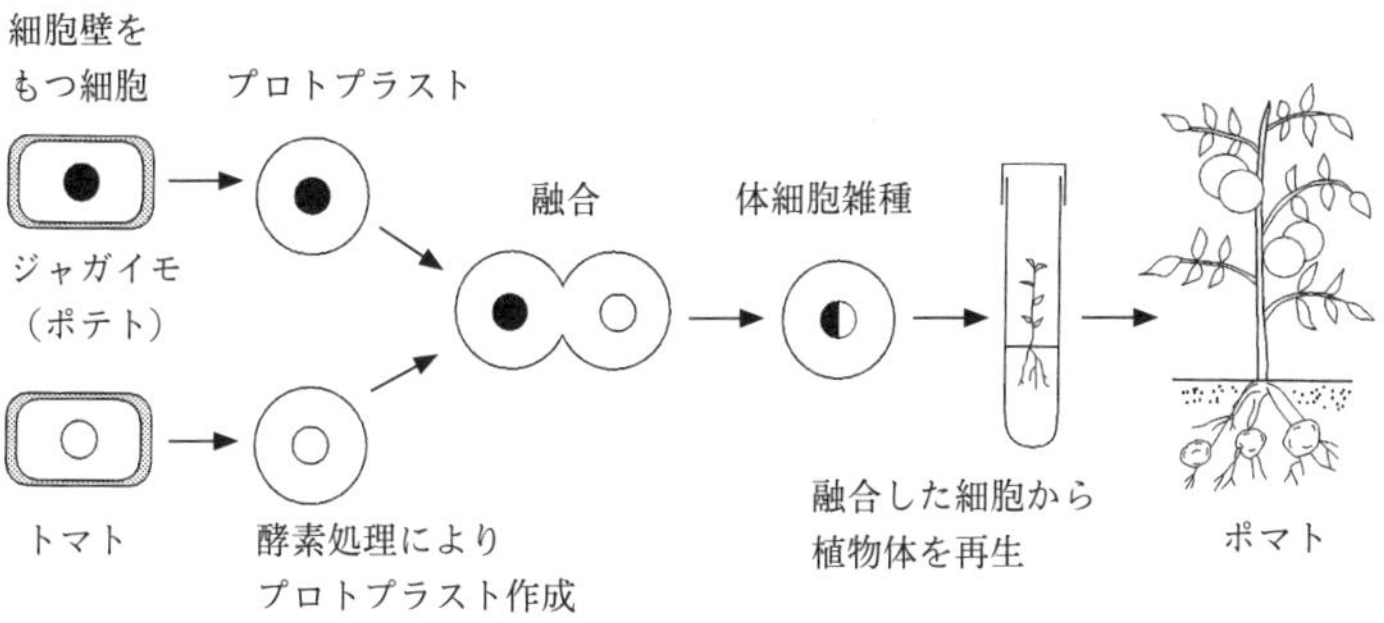

図 3・10　細胞融合でポマトを作出

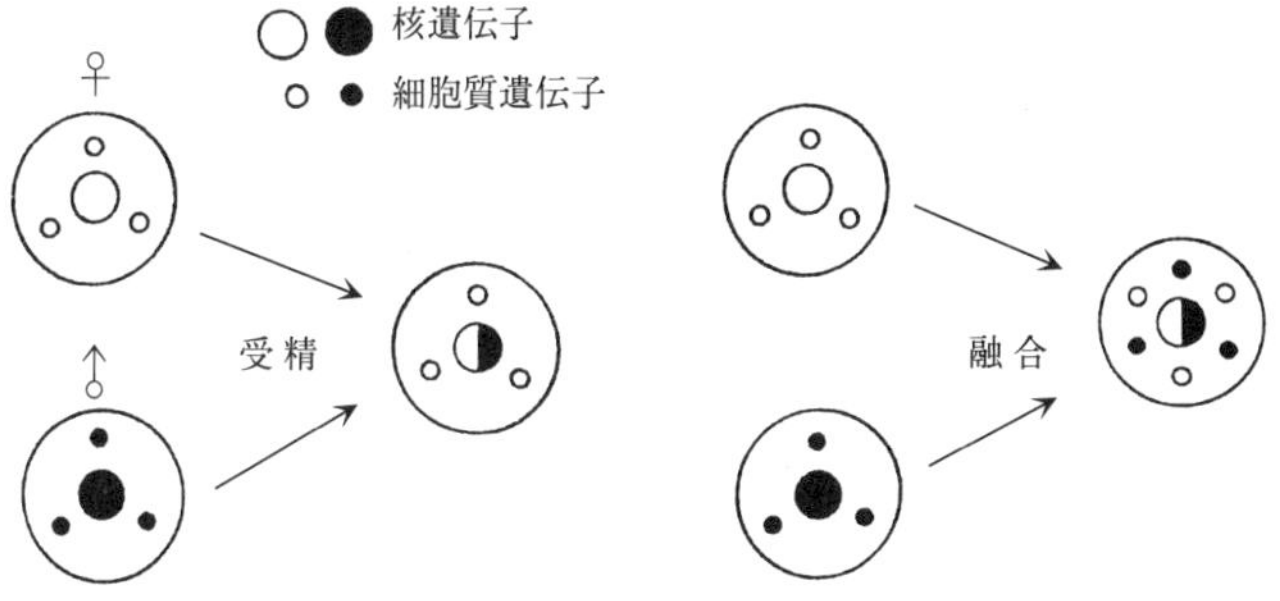

（a）　子の細胞質遺伝子は雌親からくる　（b）　細胞融合雑種の細胞質遺伝子は両親からくる

図 3・11　受精と細胞融合の違い

の受精によってできる植物体の二倍の染色体数をもった個体（複二倍体）になる。繰り返し述べたように、通常の受精では雄親の細胞質に存在する葉緑体やミトコンドリアのもつ遺伝子は子に受け継がれないが、細胞融合では、両親の細胞質に存在する遺伝子を受け継いだ雑種が得られる点が通常の受精とは異なっている（図3・11）。ミトコンドリアには細胞質雄性不稔に関与する遺伝子が、葉緑体には薬剤耐性遺伝子が含まれ、いずれも植物の育種上興味をもたれている遺伝子である。細胞融合では、通常の交雑では得られない種間や属間の雑種が得られることのほかに、雌親だけでなく雄親の細胞質に存在する遺伝子をもつ雑種が得られるところに育種上の利点がある。

単細胞のプロトプラストから植物体を再生する

植物の細胞は細胞壁でおおわれているため、そのままでは細胞同士を融合させることができない。動物の細胞には植物のような細胞壁がないので、動物の細胞同士をそのまま融合させることが比較的簡単である。動物では、一九五七年に大阪大学の岡田によって、センダイウイルスと呼ばれるウイルスに動物細胞を融合させる性質があることが発見されてから、人為的な細胞融合が細胞の機能などを研究する手段として用いられてきた。

植物では、細胞を融合できればこれを育種の手段に使えると考えられてきたが、細胞をおおう堅い細胞壁があるために、細胞同士を融合させることが不可能であった。植物の場合は体細胞からの植物体再生が可能になっていたので、さまざまな細胞を融合できれば、その融合細胞から植物体を再生して新しい雑種をつくれると考えられていたのである。このため、植物の細胞から堅い細胞壁を取り除いて細胞膜のみに包まれた細胞（これを原形質体またはプロトプラストと呼ぶ）を調製するための努力が、長い間積み重ねられてきた。

植物の細胞壁では、セルロースがその骨格をつくっており、このほかペクチンが基質としてセルロース繊維を埋め込むとともに細胞と細胞を接着する役割を果たしているから、プロトプラストを分離す

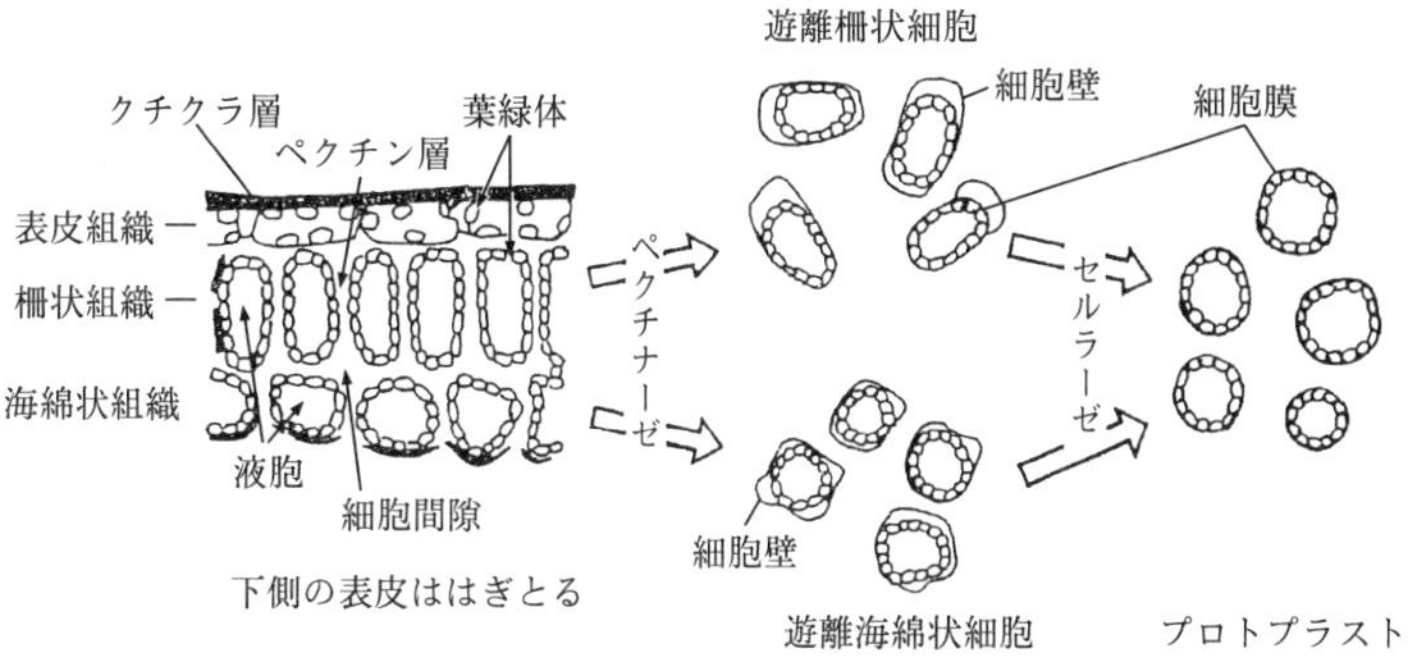

図3•12　葉肉組織からのプロトプラストの分離(建部到，1979)

るためにはセルロースとペクチンを溶解する酵素が必要となる。植物ウイルス研究所の建部らが、タバコの葉組織をまずペクチナーゼで処理することによって細胞をバラバラにして取り出し、次いでこれらの細胞をセルラーゼで処理してプロトプラストを単離することに成功したのは一九六八年である（図3•12）。

その方法を簡単に紹介しよう。切り取った葉の裏側の表皮をピンセットを用いてはぎとって葉肉組織を露出させ、適当な大きさに切る。これをペクチナーゼのほかにデキストラン硫酸カリ（細胞の保護剤）とマンニトール（浸透圧を調整）を含む液に入れて二五℃の恒温水槽中で振とうしながら酵素処理すると、約一時間で葉肉細胞が液中に遊離してくる。この細胞をマンニトールに溶かしたセルラーゼ液に懸濁し、三七℃下でゆるやかに振とうすると、約一時間三〇分後に細胞壁を失って球形になったプロトプラストが得られる。

タバコの葉からのプロトプラスト調製に成功したのち、長田・建部は同じくタバコのプロトプラストを用い、これを培養して植物体を再生することにも成功した。一般的に植物の組織培養に利用されている培地を多少変えたものにマンニトールなどを加えて浸透圧を高くした液体培地で静置培養すると、プロトプラストはまず細胞壁を再生し、次いで細胞分裂に入る。分裂が繰り返されるに従って、細胞は脱分化してカルスを形成する。このような経過は固形培地で培養した場合にもみられる。プロトプラストを寒天を含む培地に埋め込んだ形でプレートすると、細胞壁が再生されたのち細胞分裂によって多数のコロニー（細胞群）が形成される。これらのコロニーを適当な分化培地に移すと、茎葉と根が分化して植物体が再生されるのである。

簡潔に紹介したプロトプラストの単離と培養の方法は、タバコを用いた場合の基本的な方法の一つであって、実際には改良されたさまざまな方法が用いられている。検討を重ねてもプロトプラストを単離できない植物も多い。プロトプラストから植物体再生に成功した植物には、イネ、ジャガイモ、サツマイモ、トウモロコシ、ダイズなどの作物、キュウリ、メロン、トマト、ナス、キャベツ、ハクサイ、アスパラガス、カリフラワー、ブロッコリー、イチゴ、ニンジン、セルリー、ピーマン、レタスなどの野菜、カンキツなどの果樹、コウゾなどの樹木がある。図3・13にキクの葉肉プロトプラストからの植物体再生を示した。

融合した細胞から雑種植物を再生する

センダイウイルスに動物細胞を融合させる性質があることを先に述べたが、このような融合は不活化したウイルスによっても起こるので、融合はウイルス構成成分による化学反応によるものではないかと考えられている。植物では、プロトプラストの単離、プロトプラストからの植物体再生が首尾よく行われるようになったため、植物の細胞融合は一九七〇年代に入ってから、にわかに具体性を帯び

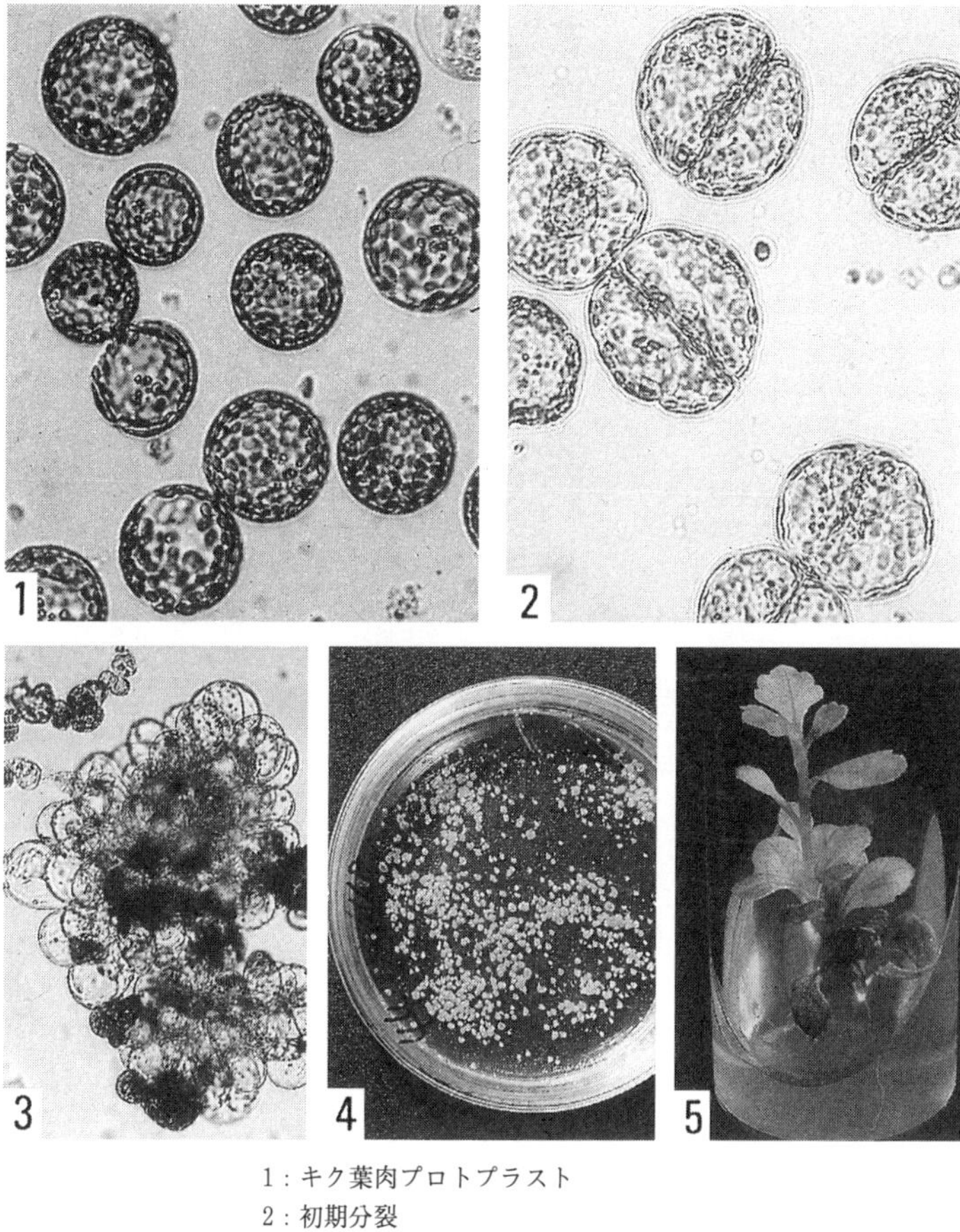

1：キク葉肉プロトプラスト
2：初期分裂
3：培養 20 日後
4：寒天培地上に形成されたコロニー
5：1 個のプロトプラストから再生された幼植物

図 3•13　プロトプラストからの植物体の再生（大塚寿夫）

てきた。

現在、植物細胞を融合させるには、ポリエチレングリコール（PEG）という界面活性剤を用いる方法と電気融合装置を用いる方法とがある。初期にはもっぱらPEGが用いられていたが、PEGは細胞毒性を示すことがあるため、最近では電気融合装置が多く用いられるようになった。プロトプラストを電極間に入れ、交流電圧を加えて細胞同士を接着させ、そこに直流の高電圧パルスを流して接触点の細胞膜を一時的に破壊し、その修復の過程で細胞同士を融合させる。融合したプロトプラストから植物体を再生するための培養条件は、単細胞のプロトプラストのそれと基本的には同一である。

以上の方法により、植物の種と無関係に、あらゆる植物のプロトプラスト間で細胞融合を起こすことができる。しかし、細胞融合産物から植物体が再生されるのは、かなり限られた組合せの場合だけである。それでも、従来の交配では雑種が得られなかった植物間において、細胞融合による体細胞雑種が得られるようになった。

主に行われている非対称融合

遠縁の植物の間で細胞融合を行うと、たとえ融合細胞が得られても、その後再分化の過程で片方の染色体が脱落する場合が多く、再分化がうまく行われても正常な生育をせず、不稔であることも多い。この場合のように、二種類の細胞（プロトプラスト）をそのまま融合させて植物体を再生する融合法を対称融合と呼んでいるが、問題点を克服するために非対称融合が検討されており、現在これが主流となっている。

この方法では、一方のプロトプラストの核をX線やガンマー線によって不活化し、もう一方のプロトプラストにはヨードアセトアミドあるいはヨードアセテートを処理して細胞の分裂を抑制することで、それぞれのプロトプラストが単独もしくはそれ自身の融合では植物体に再生できないような条件にされている。二種類のプロトプラストが融合したものだけが生育できるのである。このような非対称融合の例を図3・14に示した。

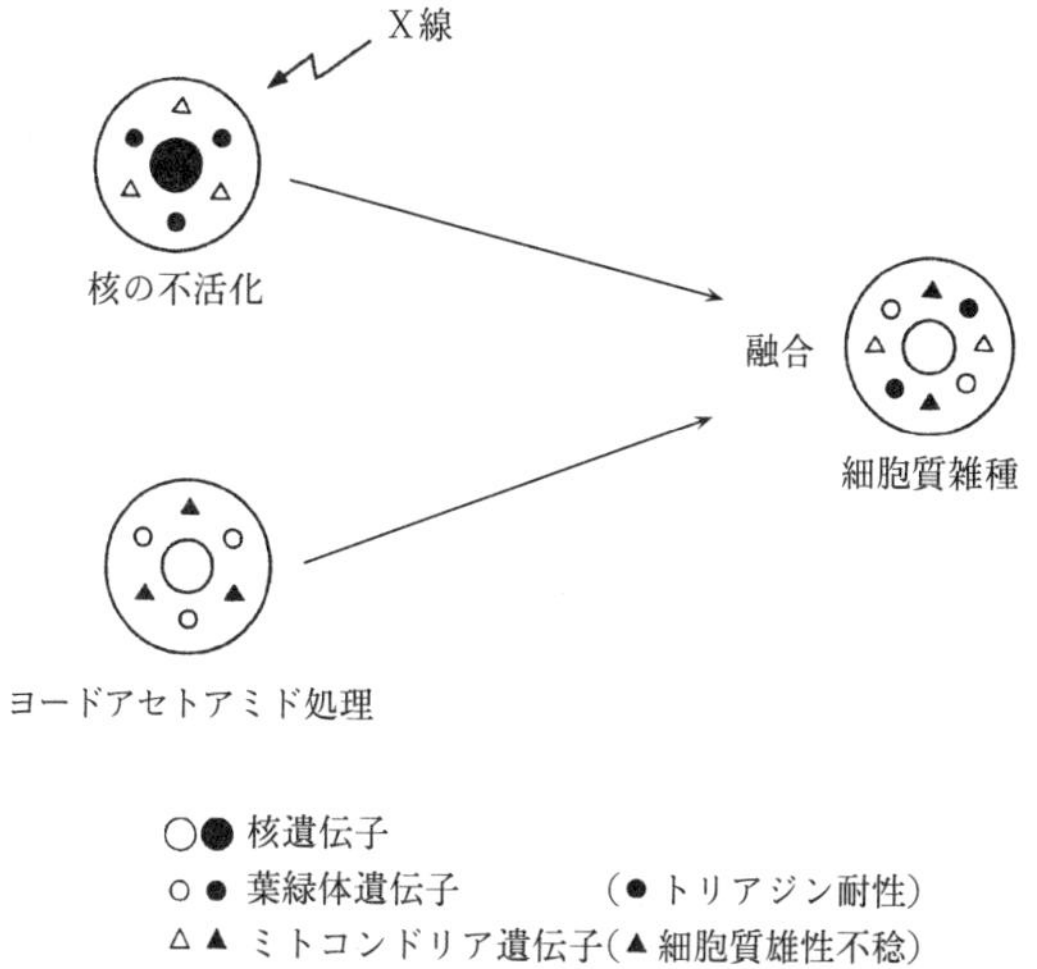

図3・14　非対称融合による細胞質雑種の作出例

トリアジン（除草剤）耐性遺伝子をもつプロトプラストにX線を照射し、細胞質雄性不稔の遺伝子をもつもう片方のプロトプラストにはヨードアセトアミドを処理して、これら二つのプロトプラストを融合させると、X線を照射したほうの染色体は脱落して、トリアジン耐性で細胞質雄性不稔の植物体が得られる。核は一種類の細胞由来で、細胞質は二種類以上の細胞質からなるこのような雑種は、細胞質雑種（サイブリッド）と呼ばれている。

今までに対称融合によって日本でつくられた雑種には、オレタチ（オレンジ×カラタチ）、シューブル（温州ミカン×ネーブル）、バイオハクラン（ハクサイ×レッドキャベツ）などがあり、非対称融合では、細胞質雄性不稔遺伝子の導入で、雄性不稔のナタネ、タバコ、イネなどがつくられている。

6. 遺伝子組換え植物のクローンをつくる

植物病原細菌を利用する

植物での遺伝子組換えでもっとも期待されているのは、耐寒性、耐乾燥性、耐塩性などの植物の作出であるが、これらの形質はいずれも複数の遺伝子に支配されていると考えられ、関与する遺伝子の調節機構も明らかではないので、まだ実用になるような遺伝子組換え植物は得られていない。

有用形質が単一の遺伝子に支配されていて、しかもその遺伝子の発現が比較的容易に確認できる場合には、遺伝子組換え植物をつくる場合に好都合なので、現在つくられ実用化されている組換え植物にはこのようなものが多い。本節ではこれらの植物について紹介するが、その前に遺伝子組換え植物の一般的な作出法について述べておきたい。

第二章7で、大腸菌での遺伝子組換え技術によってDNAをクローニングする場合の操作について説明した。植物での遺伝子組換えでは、導入したい外来の遺伝子を大腸菌のプラスミドにつないでも、これを植物体に導入することはできない。植物の場合には、植物に寄生する病原細菌である根頭がんしゅ病菌（アグロバクテリウム・ツメファシエンス）がもっているプラスミドをベクターとして用いるのである。この細菌は広範な植物に病原性をもっており、根と茎の境界部（根頭という）に腫瘍をつく

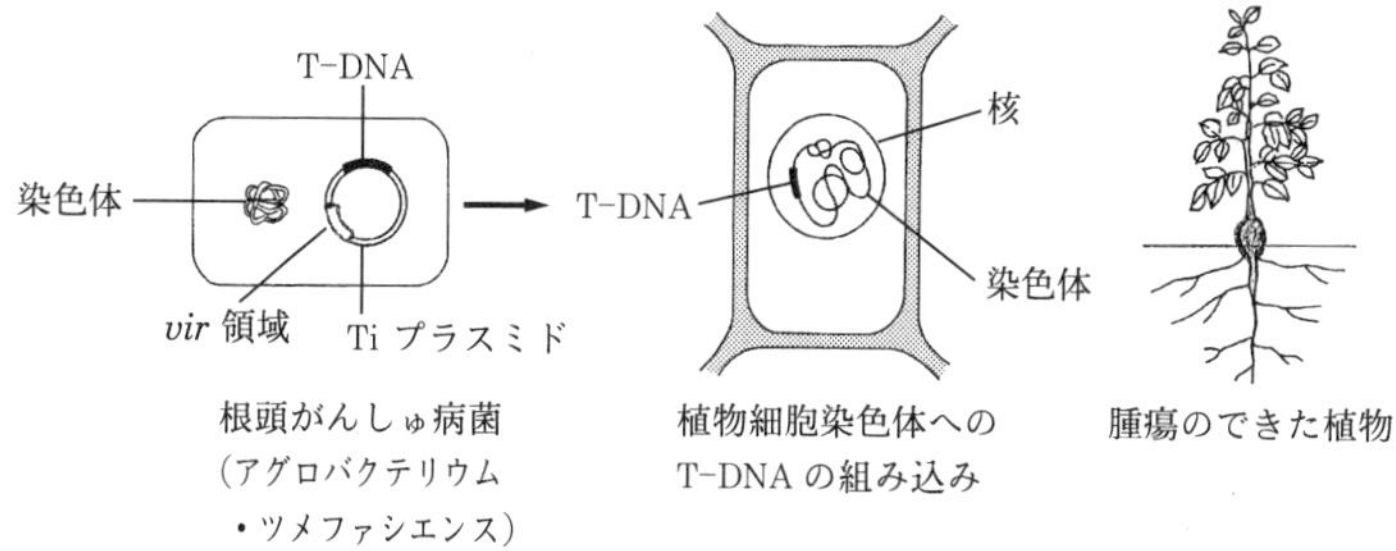

図 3・15　根頭がんしゅ病菌による腫瘍の形成

るので、この病原菌による病気を根頭がんしゅ病と呼んでいる（図3・15）。

植物がこの病原菌に感染すると、この細菌がもっているTiプラスミド（Tiは腫瘍を誘導するという英語の略語）に存在する特定の領域のDNAが切り離され、これが植物体の細胞の染色体DNAに組み込まれる。このDNAは、転移するDNAの英語の略語からT-DNAと呼ばれている。根頭がんしゅ病菌は、自然の状態で宿主植物を形質転換（外来の遺伝子を導入して遺伝的な変化を起こさせること）していることになる。T-DNAにはサイトカイニンとオーキシンを合成する酵素の遺伝子があるので、植物がこの病原菌に感染すると腫瘍ができるのである。

T-DNA領域には、これらの酵素遺伝子のほかに、オクトピン、アグロピンなどオパインと総称されるいくつかの特殊なアミノ酸をつくる遺伝子も存在している。植物が根頭がんしゅ病菌に感染すると、細胞が増殖して腫瘍が形成され、これらの細胞内ではオパインが大量に合成されるのである。細菌は植物細胞に合成させたオパインを分解利用して自分の栄養源とするが、植物のほうは元来オパインをつくらないし、オパインを分解利用することもできない。この細菌は植物を自分の増殖に都合のよいように形質転換していることになる。Tiプラスミドは一九七四年、ドイツのシェルとベルギーのモンタギューらによって、T-DNAは三年後の一九七七年にアメリカのチルトンらによって発見された。これらの発見によって、植物における形質転換の研究は大きく進展したのである。

Tiプラスミドには、T-DNAのほかに *vir* 領域（*vir* は毒性という英語の略語）と呼ばれる領域があり、ここにはTiプラスミドからT-DNA領域を切り離して植物細胞の染色体へ組み込む過程に関与する数種の遺伝子が存在している。また、T-DNAの左右両端には二五塩基対のよく似た塩基配列（境界配列と呼ばれる）があり、この配列が *vir* 領域と同様、T-DNAの組込みに重要な役割をもっていることが明らかになっている。

根頭がんしゅ病菌が植物細胞に感染すると、植物細胞から放出されたフェノール化合物によって、*vir* 領域にある遺伝子が誘導発現する。*vir* 領域の遺伝子が発現すると、その産物がT-DNAの境界配列を認識してT-DNAをTiプラスミドから切り離す。切り離されたT-DNAが植物細胞へ移行して核の染色体へ組み込まれると、T-DNAに存在するオーキシンやサイトカイニンを合成する酵素の遺伝子が発現するため、感染した植物体に腫瘍が形成されることになる。

根頭がんしゅ病菌は、双子葉植物を中心に広範な植物に病原性をもっているので、農作物や園芸作物にかなりの被害をもたらしている。植物の養分が腫瘍の形成のために消費されて、植物の生育が衰えるのである。

ここまで述べてきた根頭がんしゅ病菌による腫瘍形成の過程から考えると、植物に導入したい遺伝子がある場合には、これを根頭がんしゅ病菌のTiプラスミドのT-DNA領域に組み込んで、その根頭がんしゅ病菌を植物に感染させさえすれば、形質転換植物（トランスジェニック植物）が得られるはずである。

遺伝子組換えの方法

植物の遺伝子組換えで現在広く用いられているのは、一九八三年にオランダで開発されたバイナリーベクター方式と呼ばれる方法である。前述のように、植物体を形質転換するためには、T-DNAと*vir*の二つの領域が必要となるが、Tiプラスミドは約二〇〇キロ塩基対からなる巨大なプラスミドであるため、そのままベクターとして用いるのは難しい。そこで、T-DNAと*vir*の両領域それぞれを別のプラスミドに組み込んで、これら二種類のプラスミドを同じ一つの根頭がんしゅ病菌内に共存させ、二つのプラスミドが分業して全体としての機能を発揮できるようにするのである。バイナリーベクター方式という言葉は、二つのベクター（プラスミド）により構成されるという意味に由来している。T-DNA領域にあるオーキシンとサイトカイニンを合成する酵素の遺伝子は、不要なのでT-DNA領域から取り除き、T-DNAの移行に必要な左右両端の境界配列だけを残し、このほかに導入したい外来遺伝子と、形質転換体を選択するために必要なマーカー遺伝子（カナマイシン耐性遺伝子など）を組み込んで、T-DNA用の小型ベクターがつくられる。もう一つの小型ベクター（欠損T-DNAプラスミド）は、*vir*領域だけが組み込まれているプラスミドである（図3・16）。

これら二つのベクター（プラスミド）が導入された根頭がんしゅ病菌を植物に接種すると、*vir*

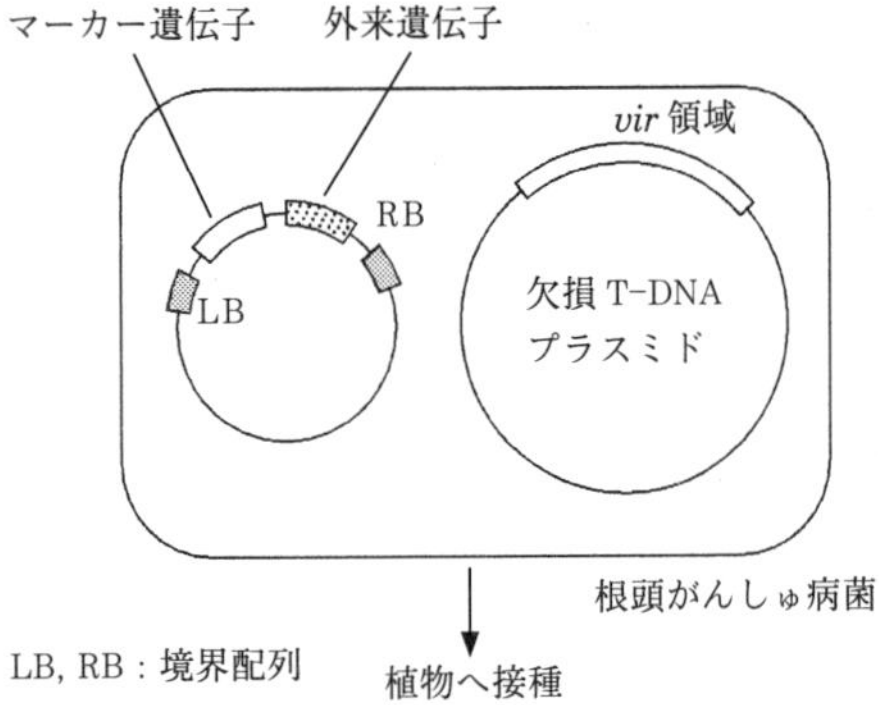

図 3・16　バイナリーベクターによる遺伝子導入法

領域にある遺伝子が発現してT-DNA用のプラスミドからT-DNA領域が切り離され、外来遺伝子と選択マーカー遺伝子は植物の染色体DNAに組み込まれる。*vir*領域とT-DNA領域の二つの領域が同じプラスミド上に乗っていなくてもよいのである。

根頭がんしゅ病菌を植物に接種する方法としては、リーフディスク法が一般的である。この方法では葉から切り取った組織片（リーフディスク）に病原菌を接種し、接種後組織片を適当な組織培養用の寒天培地上で培養する。T-DNAに挿入したマーカー遺伝子がカナマイシン耐性遺伝子である場合は、培地にカナマイシンを添加しておけば、このような培地上で再生される植物体はカナマイシン耐性遺伝子をもつ形質転換体であって、この植物体には外来遺伝子が組み込まれている。

Tiプラスミドを利用した形質転換法は、根頭がんしゅ病菌が感染する双子葉植物が対象となるので、感染しない植物にはこの方法が適用できない。単子葉植物でもイネで成功例が報告されているが、単子葉植物の場合は一般的にプロトプラストを用い、これに直接DNAを導入する方法がとられている。この場合も、プロトプラストが単離でき、さらにこれから植物体が再生できる植物に限られる。

この方法でよく用いられるのはエレクトロポレーション法で、細胞融合で用いられる装置を使い、プロトプラストに電気パルスをかけて膜に一時的に小孔をあけ、DNAを取り込ませる。DNAを導入後にプロトプラストを培養して、植物体を再生する。

最近よく用いられる方法にパーティクルガン法があり、この方法では植物の組織に直接DNAを導入できるので、プロトプラストからの植物体再生系が確立していない植物にもDNAを導入できる可能性が開けた。この方法では、金などの微粒子にDNA溶液をまぶして、これをショットガンやガス圧などで植物組織に発射し、DNAを物理的に導入するのである。この場合も組織を培養して、これから植物体を再生したのち、外来遺伝子が導入されている植物体を選別する。

今までにつくられた遺伝子組換え植物

現在では、アメリカから多くの遺伝子組換え植物が輸入されている。これらはいずれも、アメリカで開発され実用化されている除草剤耐性のダイズ、ナタネ、トウモロコシなどと、害虫抵抗性のトウモロコシ、ジャガイモなどである。このほか日持ち性を向上させたトマトは、果実そのものは輸入されていないものの、農林水産省と厚生省（現厚生労働省）により食品としての安全性の確認が終了しているので、ここではトマトも含めた遺伝子組換え植物を中心に説明する。

（1）除草剤耐性の植物

雑草を人手に頼らずしかも効率よく除くために、従来多くの除草剤が開発されてきた。それらは一般に非選択性で、雑草と作物とを区別なく枯らしてしまう欠点をもっている。したがって、遺伝子組換え技術によって除草剤耐性の作物をつくることができれば好都合である。

除草剤の開発は、作物当たりの作付面積が大きいアメリカを中心に進められてきた。アメリカのモンサント社が生産しているグリホサート（商品名ラウンドアップ）は、現在世界でもっとも広く使用されている除草剤で、5-エノールピルビルシキミ酸-3-リン酸合成酵素（EPSP合成酵素）の活性を阻害することによって植物を枯死させる。芳香族アミノ酸を合成する経路の途中にあるEPSP合成酵素が不活化されるため、この経路が断ち切られて植物は枯れるのである。ヒトにはこのような合成経路がないので、この除草剤はヒトに害を与えない。グリホサート耐性植物をつくるため、この薬剤によって不活化されないEPSP合成酵素の探索が行われた結果、サルモネラ菌の変異株が生産するEPSP合成酵素が見出されたのである。このような酵素を生産する遺伝子をタバコとトマトに導入したところ、これらの植物はいずれもグリホサートに耐性を示したが、その後ダイズ、ナタネ、ワタなどでも耐性の植物をつくることができた。現在日本に輸入されているグリホサート耐性のダイズ、ナタネに導入されているのは、土壌微生物のスクリーニングから得られたアグロバクテリウムのCP4株から分離されたEPSP合成酵素である。

除草剤耐性植物をつくるこのほかの方法として、除草剤を分解して無毒化する酵素の遺伝子を導入することも試みられている。グリホサートでは、この薬剤を無毒化するアクロモバクターという細菌から分離した分解酵素の遺伝子を導入したトウモロコシがつくられた。

除草剤耐性植物の作出は、農作業の省力化に大きく貢献してきた。開発企業としても除草剤耐性を獲得した植物の種子と除草剤とを組み合わせて販売できるメリットがあることから、グリホサート以外の除草剤についても、耐性植物の開発に各企業がしのぎを削ってきた。欧米諸国では、その実用化を目指して一〇年以上前から野外試験が行われてきたが、そこで開発された除草剤耐性植物が、後述の害虫抵抗性植物とともに、一九九六年以降は日本にも輸入されている。

（2）害虫抵抗性の植物

害虫の被害を防ぐには一般に化学農薬が使われるが、最近では化学農薬に頼らない害虫防除の方法がいろいろと試みられている。害虫に対して抵抗性のある植物ができれば、農薬散布の必要がなくなり、省力化にもつながる。

トマトやジャガイモなどの葉が昆虫の食害を受けると、植物体からプロテアーゼ阻害物質が生産され、この阻害物質によって、昆虫の腸管内でのタンパク質消化に必要な分解酵素の働きが阻害される。この現象は、植物の害虫に対する一種の自己防衛反応であると考えられているが、プロテアーゼ阻害物質をつくる遺伝子をタバコに導入すると、タバコガの幼虫による食害が減少することがわかった。プロテアーゼ阻害物質遺伝子が葉菜類に導入された場合は、ヒトも消化不良を起こす可能性が考えられるが、花などを観賞する植物では問題ないであろう。

現在実用化されて広く利用されているのは、バチルス・チューリンゲンシスと呼ばれる細菌がつくるタンパク質の遺伝子を導入した植物である。この細菌はチョウやガなどの鱗翅目害虫に強い病原性を示すが、それは細菌の芽胞形成期につくられる結晶性のタンパク質（Bt）が昆虫に毒性をもっているためである。この結晶性のBtタンパク質は、細菌の中では無毒の状態で存在しているが、昆虫の腸管の中で消化されると初めて毒性を発揮して昆虫を死なせる。複数の毒素があり、このうちのデルタ内毒素だけを生産する菌株を用い、アメリカで製剤化されたBT剤が、農薬として三〇年以上も前から使われているが、ヒトと動物に対しては無害である。一九八〇年代の半ばに、このBtタンパク質（デルタ内毒素）遺伝子の全塩基配列がアメリカで決定され、この遺伝子を導入した害虫抵抗性のトウモロコシ、ワタなどがつくられた。細菌の種類によっては、コロラドハムシやコガネムシなどの鞘翅目害虫に毒性をもつものがあり、その病原タンパク質遺伝子はジャガイモに導入されている。

（3）日持ち性を向上させたトマト

トマトは収穫後軟化していくので、輸送中の傷みを少なくするために、完熟する前に収穫して輸送されることが多い。もし完熟後もしばらくの間軟化せず長持ちするトマトができれば、消費者は完熟してから収穫した味のよいトマトを手に入れることができる。

トマトの軟化は、細胞同士を結合させているペクチンがポリガラクツロナーゼという酵素の作用で分解されるために起こるもので、この酵素の発現をアンチセンスRNA法（逆向きの人工遺伝子を導入すると、mRNAの相補鎖―アンチセンスRNAという―が転写されて、もともとの遺伝子の発現が抑えられる）によって抑制すると、収穫後もしばらくの間軟化せず長持ちさせることができる。アメリカで一九九四年に商品化（商品名フレーバー・セーバー）され、一般に市販されてきた。これが遺伝子組換え植物の商品化第一号である。キリンビールは、自社で開発した遺伝子をアメリカの開発企業（カルジーン社）に提供し、それとの交換で手に入れたフレーバー・セーバーを育種の母本として改良を進め、日本人の口に合うトマトの商品化を目指していたが、現在は研究を中止している。

（4）ウイルス抵抗性の植物

植物ウイルス病に対して有効な農薬はまだ開発されていないので、ウイルス病に対して抵抗性をもつ植物をつくることができれば、ウイルス病防除の観点からも望ましい。ウイルスは、核酸と、核酸をおおっている外被タンパク質とから成り立っており、この外被タンパク質をつくる遺伝子を単離してこれを植物体に導入すると、植物は外被タンパク質が組み込まれたそのウイルスに対して抵抗性をもつようになるのである。

この研究では、一九八六年にアメリカでタバコモザイクウイルスとタバコの系で初めてウイルス抵抗性の植物がつくられた。日本でも、このようなウイルス抵抗性の植物をつくる試みが数多く行われている。日本で今までにつくられた遺伝子組換え植物の大半は、このウイルス抵抗性植物である。タバコモザイクウイルスとトマト、キュウリモザイクウイルスとスイカ、メロン、イネ縞葉枯ウイルスとイネなどの系で成功しており、実用化可能な状態にあるものの、まだ商品化には至っていない。

（5）その他の期待される組換え植物

ウイルスと同じく、植物の病害を引き起こす病原に細菌があるが、このような病原細菌の感染に対して抵抗性を示す植物が日本でつくられている。昆虫から分離した抗菌性のタンパク質（ザルコトキシンⅠA）遺伝子をタバコに導入すると、タバコは野火病感染に対して抵抗性をもつようになるのである。

望ましい花色の植物をつくるために、昔から多くの育種家によって品種改良が行われてきた。花色の発現も遺伝子に支配されているので、遺伝子の操作によって花色を多少変えることは可能である。

フラボノイド系色素をもつペチュニアでは、この色素の合成に必要なカルコン合成酵素をアンチセンスRNAによって阻害することにより、その阻害の程度による多くの花色変異体が得られている。日本ではサントリーが、ペチュニアから取り出した青色の色素をつくる酵素遺伝子をカーネーションに入れることによって、青いカーネーション「ムーンダスト」をつくることに成功している。

一代雑種（本章1）には、交配に用いられた両親よりも優れた形質が現れることがあるので、雑種強勢というこの現象を利用したハイブリッド種子が開発されている。イネのように自家受粉する植物では雄しべと雌しべが同じ花の中にあるので、一代雑種をつくるためには雄性不稔株（花粉がつくられない株）がどうしても必要になるが、このような株を遺伝子組換えによってつくることに成功している。タバコやナタネの葯の中にリボヌクレアーゼ（RNA分解酵素）遺伝子を導入したところ、花粉をつくるために必要なmRNAが分解されて、雄性不稔のタバコやナタネが得られたのである。

第四章　動物でのクローンづくり

――クローン動物はどのように利用されているか

動物では、胚を操作して一卵性多子を生産する技術がクローン動物の生産のために試みられており、より効率的にクローン動物を生産する技術として、核移植による増殖法が開発されている。

クローン羊「ドリー」が誕生するまでは、受精卵を用いた核移植が行われていたが、「ドリー」誕生を契機として、体細胞を用いた核移植が注目されるようになった。最近では、胚性幹細胞（ES細胞）を核移植に用いる方法も検討されている。

遺伝子組換え動物が医薬品の生産や医療に利用されるようになっているが、このような組換え動物をつくるための外来遺伝子導入の効率が今のところ極めて低く、この効率を高めることが課題である。

哺乳動物においても雌雄生み分けの研究が行われている。魚では雌が珍重されるので、雌性発生と呼ばれる染色体操作技術が開発され、雌のクローン集団をつくることにも成功している。

1. クローン増殖を行った場合の利点は何か

第一章1で説明したように、動物では、原生動物など一部のものを除き、通常の生殖方法をとる限りすべて有性生殖となるので、自然の状態でクローンが生まれることはない。一卵性双子の場合だけが例外で、この場合には双子同士がクローンである。栄養繁殖と呼ばれる無性的な繁殖法によってクローンが得られる植物とは異なり、動物でクローンを得るためには、この章で紹介するさまざまな人為的操作が必要になる。

植物の場合にも、組織・細胞培養などの人為的操作の利用によって、より効率的にクローンが得られているが、動物で現在注目されている人為的操作は、これまでに何度となく触れてきた核移植である。核移植には、受精卵を用いた核移植と、クローン羊「ドリー」で初めて成功した体細胞を用いた核移植とがあるが、後者の核移植では、体細胞を供与した親の遺伝子を受け継いだコピー動物が得られるので、画期的な技術であると評価されている。クローン人間がつくられる可能性があると危惧されているが、資質の優れた家畜のクローンを大量生産することを可能にする技術でもある。

家畜の場合は、肉質や乳質が優れたものを得るために、長年にわたって品種改良のための育種が行われてきたが、優れた資質をもった家畜が得られても、この家畜とまったく同じ資質をもった家畜を増やすことはこれまでの技術では不可能であった。しかし、体細胞を用いた核移植では、優れた資質をもった家畜の体細胞からコピー家畜を、理屈上は無限に生産できるのである。現在では、牛肉の輸入が自由化され、外国から低価格で肉が輸入されるようになったが、このような状況に対処するため、日本国内では、消費者の要望の高い高級霜降り肉の安定供給を目的とした研究が進められ、各地で体細胞由来のクローン牛が相次いで誕生している。現在は核移植の成功率が低く、採算が合わないとされるが、技術的な改良が進めばいずれ実用化するであろう。

もう一方の受精卵を用いた核移植では、生まれる子は親のコピーでなく、同じ受精卵から生まれる子同士がクローンである。この核移植の場合には、資質のはっきりしている親の遺伝形質をそのまま受け継いだ子を得ることはできない。しかし、多くのクローン受精卵が得られると、発生させた一頭の資質を調べることにより、資質が証明された残りの受精卵を流通させることが可能になるので、実用上の意義は大きいといえよう。

核移植による生産効率はまだ低いので、今のところ核移植による家畜のクローン増殖は実用の段階には至っていないが、これまでに実用化された家畜の増殖技術として、受精卵を切断、分離して一卵性多子を得る方法がある。人為的に双子を、また動物によっては三つ子や四つ子をつくることに成功し、雌雄を判別する技術も開発されて一卵性多子をつくる際に望む性の個体を得ることも可能である。この多子生産法は安定した技術として確立されているが、核移植のようにクローンを大量につくることは不可能で、四つ子の生産までが限度とされている。増殖技術としては、やはり核移植に期待が寄せられているのである。

動物でも遺伝子組換えによって形質転換動物がつくられており、このような動物をつくるためにも、またつくられた形質転換動物を増殖させるためにもクローン技術が必要であることは、植物の場合と同様である。動物の遺伝子組換えによって形質転換動物が得られる確率は一般に極めて低いが、得られたこの貴重な動物を増殖させることはクローン技術によってのみ可能なのである。

2. クローン技術を支える基礎的技術

現在行われている一卵性多子生産、核移植、遺伝子組換えなどによって動物をつくる場合には、いずれも雌の体内から取り出した卵や受精卵を操作する必要があり、操作後は別の雌の子宮内に移植しなければならないので、受精卵移植（胚移植）と呼ばれる技術がクローン動物をつくる場合の基幹技術となっていることは第一章3で述べた。

人工授精や体外受精もクローン技術を支える基礎的技術であるが、受精卵移植を含めこれらの技術は単独でも用いられ、いずれも家畜の増殖に欠くことのできない技術となっている。植物の場合には、組織・細胞培養が遺伝子組換えや細胞融合などによってクローン植物を得る場合の基幹技術となっているが、組織・細胞培養自体も単独に用いられ、植物の増殖に欠くことのできない技術となっているのと似た状況にある。

動物で行われているクローン技術を理解するためには、人工授精、体外受精、受精卵移植、受精卵の発生過程などに関しての知識が必要なので、これらについてごく簡単に説明しておきたい。

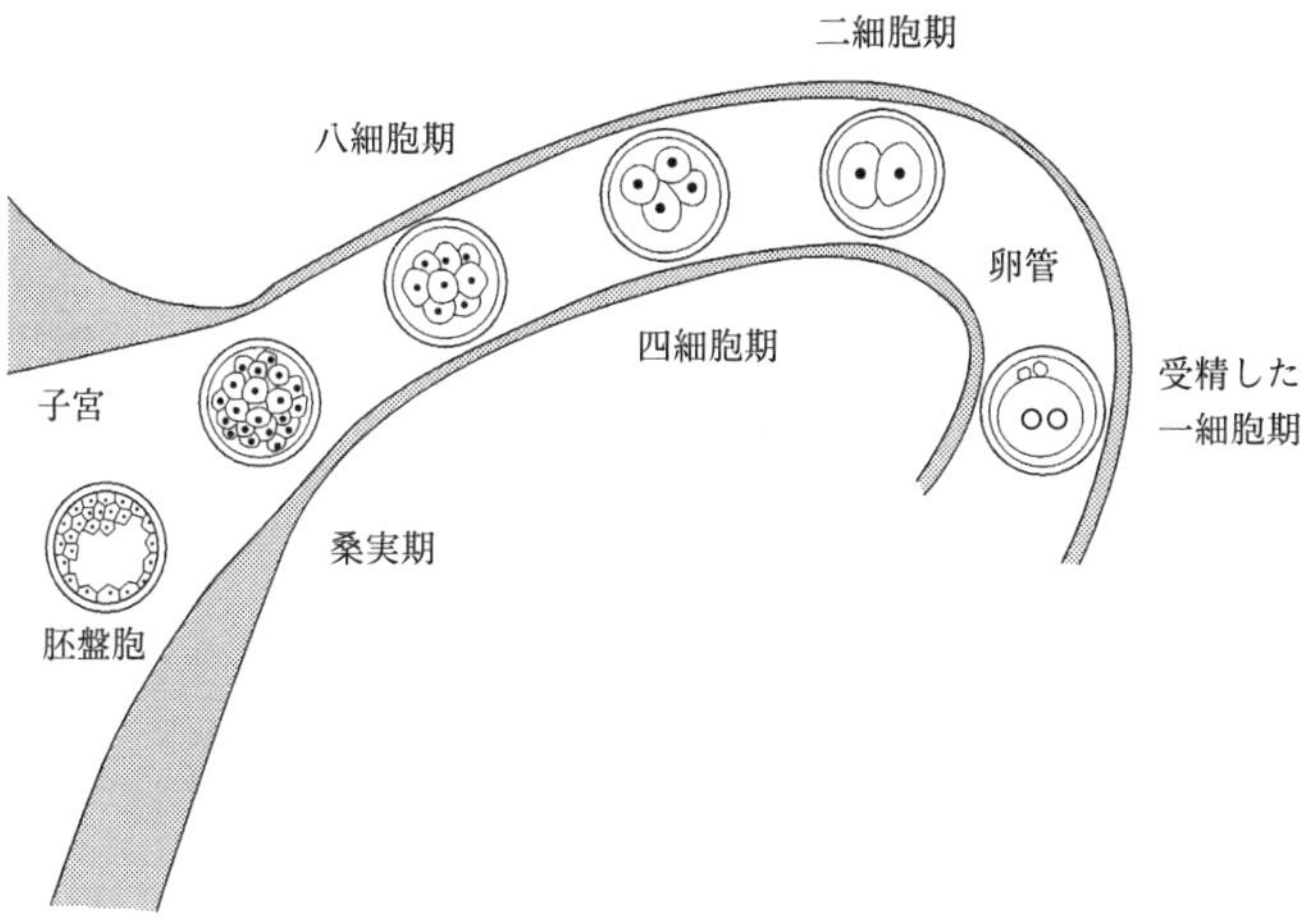

図 4・1　受精卵の発生過程

人工授精

雄の動物から精液を採取し、これを雌の子宮内へ注入する人工授精によって、自然の交配によらずに多数の雌を妊娠させることが可能になった。採取した精液をマイナス一九六℃の液体窒素中で半永久的に凍結保存し、必要に応じ解凍して利用している。現在、日本のウシのほとんどが凍結した精子によって生産されているという。

優れた形質をもった雄牛から精液を採取して凍結保存しておけば、この雄牛が死んだあとでも、この凍結保存した精液を家畜の改良に利用できるわけである。

受精卵の発生過程

雌の生殖器内に入った精子は、卵巣から排卵された卵子と卵管内で出会って受精する。図4・1に示すように、受精した卵子はやがて二、四、八と分割されてゆき、細胞数が八個以上三二個程度にまで増えた桑実期と呼ばれる段階を経て、胚盤胞という段階にまで進む。ウシでは、受精後九日目になると、細胞が大きくなるとともに周囲の透明帯が破れて脱殻した胚盤胞となり、子宮に入ってその壁に着床する。

卵割を始めて以降の発生期にある個体を胚と呼んでいるが、受精卵を胚と同義語として扱っている場合や、受精後の初期胚をとくに受精卵と呼んで区別している場合もあり、受精卵の定義はあいまいである。本書では受精後の初期胚を受精卵として扱っている。

体外受精

体外受精は、卵巣から取り出した成熟卵子に精子を加えて受精させ、培養後一定の発生段階に達したときに、これを母親または借り腹に移植して子を得る方法である。ヒトで成功したのは一九七八年であるが、ウサギ、ラット、マウスといった小動物のほか、ウシ、ヒツジ、ヤギ、ブタで成功している。この方法では、受精卵を体外の人工環境下で培養して、一定の発生段階（ウシでは胚盤胞期）まで首尾よく発育させなければならない。体外受精後の卵子は母親または借り腹の子宮に移植する。この技術が実用化されると、屠場で廃用になった動物の卵巣から採取した卵子を有効に利用できる。

土台となる受精卵移植（胚移植）技術

受精卵を雌の体内から取り出して、これを借り腹の他の雌に移植して子を生ませる受精卵移植または胚移植と呼ばれる技術は、いわば家畜に人工妊娠させる技術であって、すでに三〇年前から実用化されている。

ウシを例にとると、雌の排卵は二〇～二一日ごとに一個だけで、受精すると約二八〇日間の妊娠期間を経て分娩するので、雌が繁殖できる約一〇年間にせいぜい一〇頭ほどの子を生むのが限界とされている。しかし、卵胞刺激ホルモンによって排卵を誘発してから受精すると、一頭当たり一〇個程度の受精卵を回収できるので、これを一〇頭のウシに移植することによって一度に一〇頭の子を生ませることが可能になるのである。

国内では、肉専用種の和牛から得た受精卵を乳牛のホルスタイン種に移植して、乳牛に乳を生産させるとともに、和牛の子を生ませるという繁殖方式もとられている。

3. 胚を操作して動物のクローンをつくる

受精卵移植技術が確立された一九七〇年代から胚操作によるクローン技術の開発が試みられ、一九八〇年代に入ってからは、家畜の増殖技術としてその実用化が図られた。それらの技術は、これから解説する一卵性多子生産、核移植などの胚操作技術である。これらのうち核移植は次節に譲り、ここでは一卵性多子生産について述べる。初期胚の段階で、生まれる動物が雄か雌かを判別する技術についても研究が進められているので、その現状も説明したい。

一卵性多子を生産する

受精卵を雌の体内から取り出し、これを微細なメスで分割することによって一卵性多子を生産する方法である。ウシの一卵性双子を生産する場合の手順を図4・2に示した。

受精卵は、外部の環境から胚を保護している透明帯と呼ばれる層におおわれているので、まずこの透明帯を微細なメスを用いて除き、次いで割球（受精後の初期胚の細胞をとくに割球と呼ぶ）を二組に分ける。二細胞期胚の場合は二個の割球を分けるが、四細胞期胚では割球を二個ずつ二組に、八細胞期胚では割球を四個ずつ二組に分ける。各組の割球は、その胚または別の胚からとった透明帯に入れ寒天に包埋する。これをメン羊の卵管中に仮移植して培養し、桑実期から胚盤胞期にまで発生した胚を取り出し、借り腹のウシの子宮に移植して一卵性双子を生産するのである。従来、ウシの受精卵を培養液中で良好に発育させることは難しかったので、メン羊の卵管中で発育させてから回収しているが、ウシの受精卵を体外で培養する技術が開発されたので、現在では卵管に移植せず、体外で培養したものを子宮に移植することができるようになった。

以上のような方法で、ヒツジ、ヤギ、ウシ、ウマなどで一卵性双子が得られ、ヒツジとウシでは、八細胞期胚の割球を二個ずつ四組に分けることで一卵性の三つ子や四つ子が得られている。

桑実期から胚盤胞初期までの胚を材料として用いる場合には、胚を均一に二等分し二四時間培養して胚盤胞にまで発生させてから移植するか、あるいは二等分後直ちに移植する。この方法による双子生産はウシを中心に実用化している。

動物では一つの個体をつくる能力（分化全能性）は受精卵にあるが、前述の結果から、二細胞期の

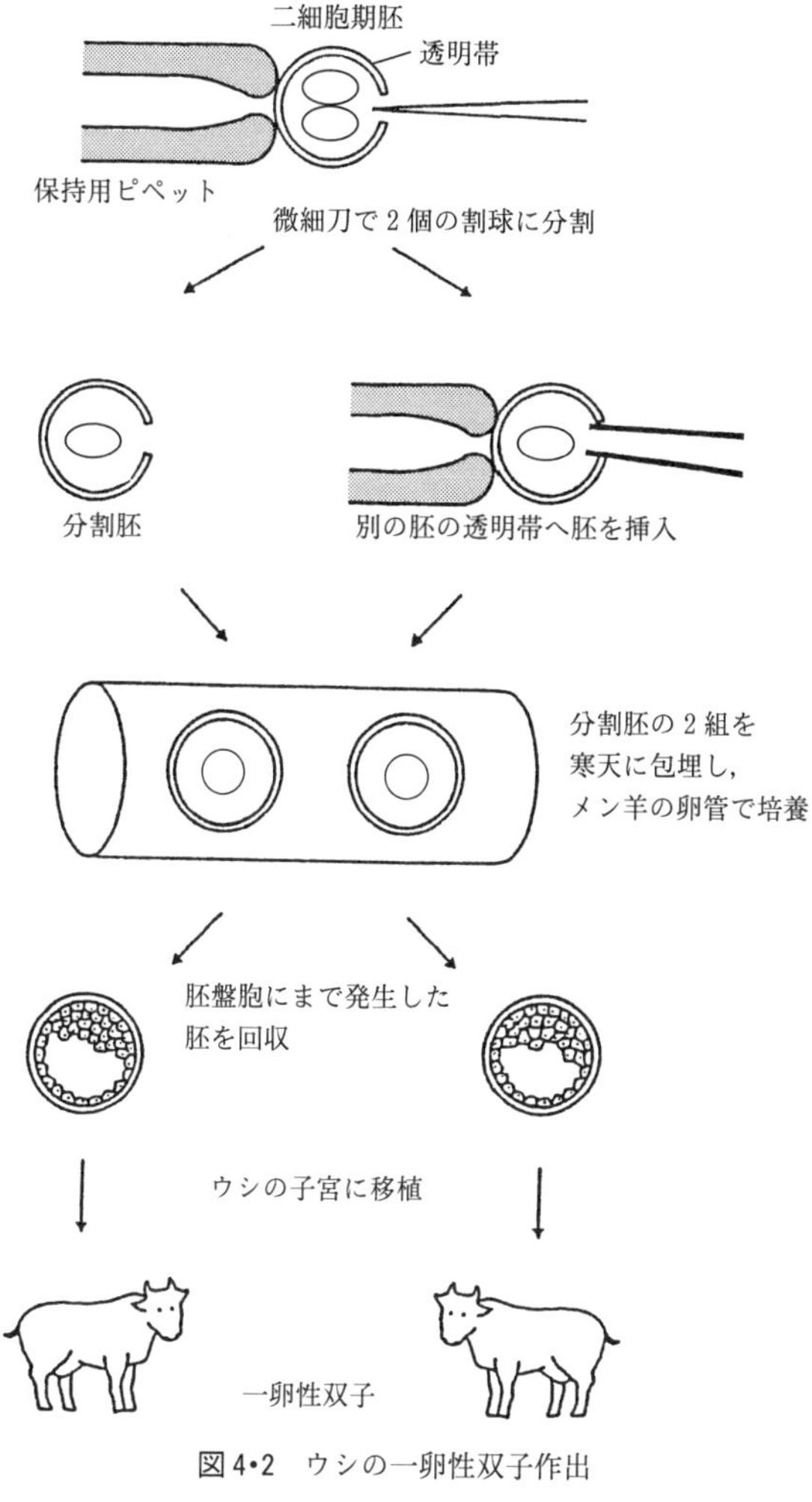

図 4•2　ウシの一卵性双子作出

二個の割球はそれぞれが全能性をもっているといえよう。四細胞期の四個の割球の全能性は、動物の種によって異なり、ヒツジとウシでは全能性をもっているが、マウスではすでに失われているとされる。ヒツジとウシでは八細胞期胚の割球を二個ずつ四組に分けることで、一卵性の三つ子や四つ子が得られたが、八細胞期胚の割球を一個ずつ八組に分けることによって八つ子が得られるのであろうか。現時点では、ヒツジやウシでも八細胞期の八個の割球の全能性は消失していると考えられている。八細胞期胚でも、八等分でなく四等分なら、一卵性四つ子生産の可能性があるというわけである。

以上のように、胚を分けて一卵性多子をつくる方法には限界があって、せいぜい四等分による四つ子の生産までが限度とされているが、核移植にはこのような限界がないので、クローン動物生産の手段としてより優れた方法と期待されている。

雌雄生み分けは可能か

乳牛では乳を生産する雌が、肉用牛では発育のよい雄の誕生が望まれるから、初期胚の段階で性の判別が可能になると大変好都合である。

初期胚の段階で性を判別する方法の一つは、一卵性双子の作出法を応用して切断した胚の一方で性染色体を調べ、性別がわかってからもう一方の胚を移植して望ましい性の個体を得る方法である。雌の性染色体がＸＸで雄はＸＹなので（第二章３）、染色体分析を行って性染色体を調べると雌か雄かわかるが、性染色体の識別しやすいウシの場合を除き、他の動物では雌雄を判別できる確率が低いといった難点がある。

同じように初期胚で性を判別する方法として、Y染色体上にだけ存在する雄特異的DNA塩基配列の有無を調べる方法が開発されている。初期胚から抽出したDNAにその配列があれば雄で、なければ雌である。この方法で、ウシなどの性識別の成功率はほぼ一〇〇%に達するというが、高度の設備を要するのが難点である。

Y染色体上の遺伝子によってつくられるHY抗原（雄の胚でつくられる特異的なタンパク質）の特異作用を用いた方法も開発されている。将来雄に分化する初期胚は、この抗原に対して作製されたHY抗体にさらされるとその間は発生を中止するが、雌に分化する卵子はHY抗体にさらされても発生を続けるので、これによって雌雄を判別できるのである。マウスのほか、ウシ、ブタなどで検討されている。

胚の操作と直接の関係はないが、精子を分別して生み分けに利用する方法もある。雄はXYの染色体をもっていて、雄の生殖細胞はX染色体をもつもの（X精子）とY染色体をもつもの（Y精子）の二種類である。Y精子とX精子とではDNA含量、比重などに差があり、両者の分離が可能なことが示されているので、両者が正確に分離されると、雄を望むときにはY精子、雌を望むときにはX精子だけを含む精液を人工授精すれば、望む性の個体を得ることができるわけである。ヒト、ウシ、ブタなどで検討されているが、この方法も現時点では判別の確率が十分に高いとはいえない。

以上、雌雄生み分けの方法について概説したが、いずれの方法も満足できる完成された技術とはいいがたい。生み分けは産業上重要な技術であり、よりよい方法の確立が望まれる。

4. 核移植によって動物のクローンをつくる

胚の操作によってクローンをつくる場合、胚を分割して一卵性多子を得る方法には限界があって、せいぜい四等分による四つ子の生産までが限界であると前節で述べた。これに比べ核移植は、無限にクローンをつくりうる技術として脚光を浴びているのである。第一章2で述べたように、核移植の最初の成功例は、一九五二年にアメリカで報告されたヒョウガエルでの実験であるが、その後一九六六年にはイギリスでもアフリカツメガエルで同じような実験が行われ、生まれるカエルの形質は移植された核に支配されていることが確認された。

哺乳動物では、それから約一五年後の一九八一年にアメリカでイルメンゼーらが、マウスの胚盤胞の内部細胞塊の細胞から取り出した核を、除核した受精卵に移植して胚盤胞にまで発生させたのち、これを借り腹のマウスの子宮に移して子を得ることに成功したのが最初である。しかし、その後同じ方法によって行われた多くの研究者の追試では、その結果を再現することができなかったため、イルメンゼーらの結果は捏造されたものだという疑いがもたれた。そのあたりの事情については、コラータの書（参考文献）に詳しい。

一九八三年に同じアメリカで、マックグラスらは、マウスの受精卵から取り出した核をセンダイウイルス（細胞の融合に利用）とともに、除核した別の受精卵の透明帯と細胞質との間に入れ、核を効率よく細胞質の中に取り込ませて子を得ることに成功した。このマックグラスらの研究が、哺乳動物での核移植の初の成功例とされている。

家畜では、一九八六年にイギリスのウィラードセンらが成功したヒツジでの報告が最初である。未受精卵から核を吸引して除去し、これに八細胞期胚から分離した一個の割球を電気融合法によって融合させ、これをヒツジの卵管に移植して胚盤胞にまで発生させてから借り腹のヒツジの子宮に移し、子を得たのである。翌一九八七年にはアメリカで、同じような方法でウシのクローンづくりに成功した。

一九九七年にイギリスでウィルムットらは、クローン羊「ドリー」を誕生させたが、この核移植では、乳腺細胞を体外で培養したのち、あらかじめ核を取り除いた別の雌の未受精卵に移植して、細胞が分裂を始めてから借り腹のヒツジの子宮に移し、クローン個体を得ることに成功した。いったん分化した体細胞を用いて新たな個体を再生することに成功した点が画期的であった。

核移植には、受精卵の核を用いた方法と、体細胞の核を用いた方法があるので、両者の違いを明らかにするため、もう少し詳しく説明することにする。両方法とも、核そのものだけを分離して移植するのではなく、正確には核を含む細胞が移植されるのである。

受精卵を用いた核移植とは

現時点では、体細胞を用いた核移植はまだ未解決の問題点が多く、子が得られる確率も低いが、受精卵を用いた核移植では、体細胞のそれに比べやや高い確率で子を得ることができる。農林水産省の資料によると、一九九八年四月の時点で、日本全国で受精卵を用いた核移植によって生まれたウシは三七〇頭に達しているという。

核移植では、すべての操作はマイクロマニピュレーターと呼ばれる装置を使って、顕微鏡下で観察しながら行われる。核を移植される細胞（レシピエント細胞）には、受精前の卵子（未受精卵）が用いられる。ウシの場合は、食肉用に屠殺されたウシの卵巣から取り出した未受精卵を用いることも可能である。核を供与する細胞（ドナー細胞）には、受精卵が分裂してできた細胞（割球）を用いる。ウシでは受精後三〇個ほどに分裂した割球をバラバラにして、それぞれの割球を未受精卵に移植するのである。核移植の手順を図4・3に示した。

核を移植される未受精卵（レシピエント細胞）からは、この卵子がもともともっている核を微細なガラスピペットを用いて除いておく。ドナーとなる受精卵のほうからはピペットで一個の割球を分離して、これを未受精卵の透明帯と卵細胞の間隙に注入する。前に述べたように、注入するのは核だけでなく、核を含む細胞全体である。

未受精卵（レシピエント細胞）と核を含む割球（ドナー細胞）は、細胞同士が接触しているだけなので、これを一つの細胞にして核を卵子内に導入するには、両細胞を融合させる必要がある。融合のために以前はウイルスがよく用いられたが、現在では植物での細胞融合の場合と同じく電気融合法が用いられる。この電気的な刺激は、二つの細胞を融合させるだけでなく、卵子活性化の刺激も兼ねているという。普通の受精現象では、精子が卵子を活性化して胚発生が開始されているのである。

核移植された卵子は、ウシの場合は一週間体外で培養すると胚盤胞期にまで生育するので、この卵子を子宮に移植するが、核移植してから二八〇日ほどで子が生まれる。

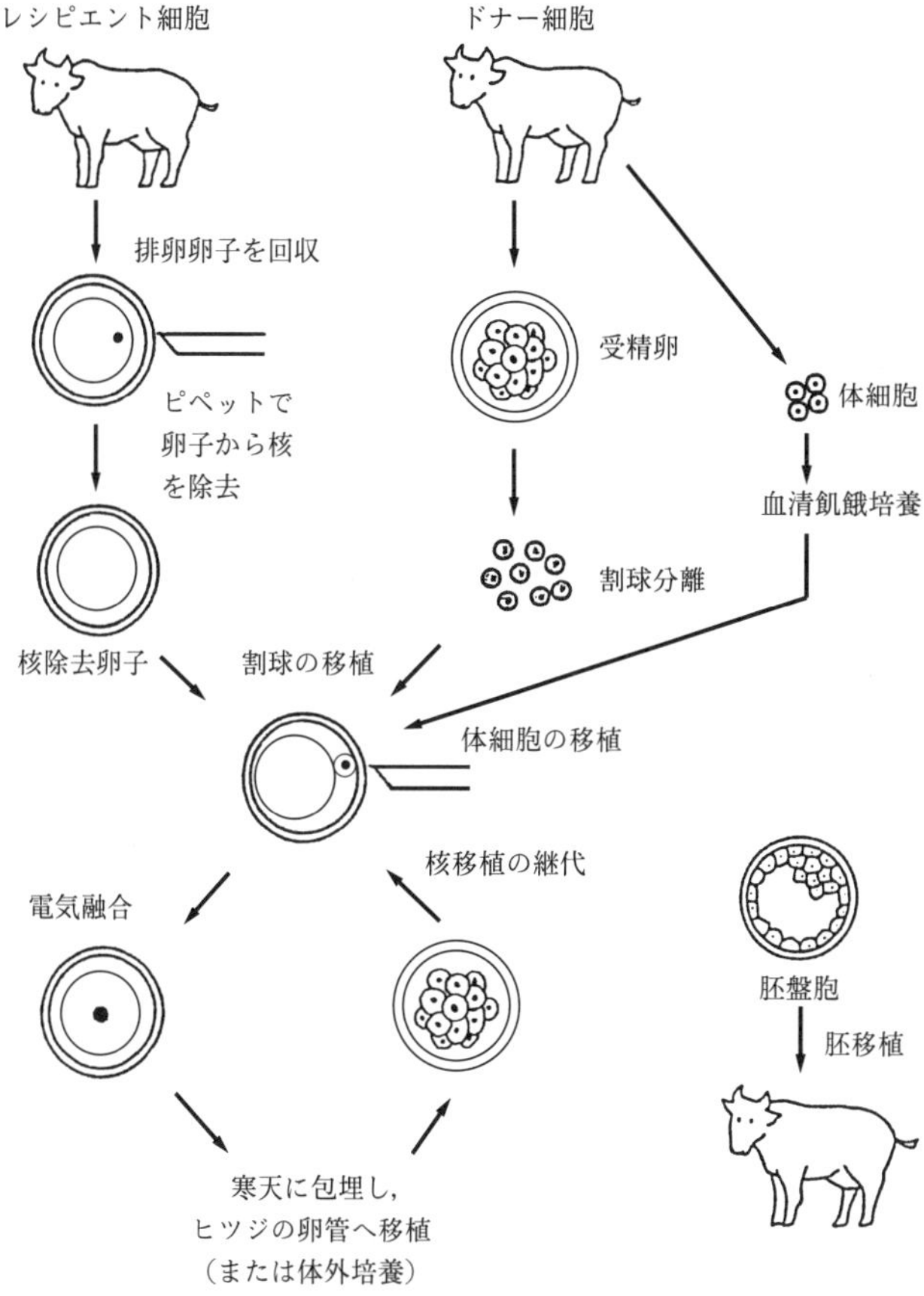

図4•3　核移植によるクローン牛の作出

図4・3に示したように、核移植によって得られた受精卵を再び核移植に用いることも可能で、これを繰り返し行うと、理論上は無数のクローン受精卵がつくられることになる。この方法は継代核移植と呼ばれる。この受精卵核移植によるクローン牛の生産効率はまだ約一〇%と低く、商業ベースで利用できるまでには至っていない。

しかし、この方法により大量のクローン受精卵をつくれるようになると、それらを凍結保存しておき、一方でその中の一部を個体に発生させてその生産能力を調べ、凍結保存してある受精卵の資質を予知することが可能になる。肉質や産乳量に関して保証付きのクローン受精卵を大量生産して流通させられるので、畜産業界にとっては将来への期待がかかる魅惑的な技術である。

体細胞を用いた核移植とは

前述の受精卵を用いた核移植と体細胞を用いた核移植とでは、用いる細胞が違うだけで、その手順に大きな違いはない（図4・3）。クローン羊「ドリー」を誕生させたウィルムットらは、雌の乳腺細胞（体細胞）をドナー細胞として用いたが、乳腺細胞のような体細胞の場合には、核移植を行う前に「血清飢餓培養」とでもいうべき処理を行っている点が異なっている。血清濃度を一〇%から〇・五%にまで低下させた培養液の中で五日間培養した細胞を核移植に用いているが、このような飢餓培養によって体細胞のほうの細胞周期が抑えられ、核を移植される未受精卵のそれに合わされるのである。

増殖中の細胞はいずれも分裂・増殖を繰り返しており、その繰返しが細胞周期と呼ばれているが、体細胞（ドナー細胞）と未受精卵（レシピエント細胞）の両者の細胞周期がそろっていることが、細胞を融合させるうえで望ましいのではないかと考えられている。

「ドリー」の場合には、雌のヒツジ（六歳）から取り出され凍結保存されていた乳腺細胞が、継代培養後五日間の飢餓培養を経て、除核された別の雌の未受精卵へ挿入されている。電気融合によって融合され発生を始めた胚は、ヒツジの卵管中で培養されたのち、借り腹のヒツジの子宮へ移植された。電気融合に成功した細胞が二七七個で、このうち卵管で培養後に回収できたのが二四七個、子ヒツジとして生まれたのが「ドリー」一頭であった。

一九九七年二月に「ドリー」誕生が報じられ、同年七月には同じウィルムットらによる「ポリー」の誕生が報じられた。胎子由来の細胞（線維芽細胞）に血液凝固因子をつくるヒトの遺伝子を組み込んで、その細胞からクローン羊をつくったのである。次節で述べる遺伝子組換え動物の誕生であるが、このヒツジは血液凝固因子を含む乳を出すので、これを血友病患者の治療に利用することができる。

一九九八年には、ハワイ大学の柳町と若山が卵細胞をとりまく卵丘細胞（体細胞）からクローンマウスをつくることに成功し、日本でも近畿大学の角田らが卵管上皮細胞から双子のクローン牛「のと」と「かが」を誕生させることに成功した。このほか国内で、卵丘細胞、雄耳皮膚細胞などからもクローン牛出産が報告されたが、誕生後に死亡する例が多く、その原因の解明が検討課題となっている。しかし二〇〇〇年一〇月の時点で、国内で生まれた体細胞由来のクローン牛は一九八頭になるという。二〇〇二年一月の新聞は「ドリー」が重い関節炎にかかっていることを伝えているが、その原因の究明が急がれる。

マウスを用いた柳町と若山の方法では、卵丘細胞の核だけを分離して、これを卵子の中へ直接注入

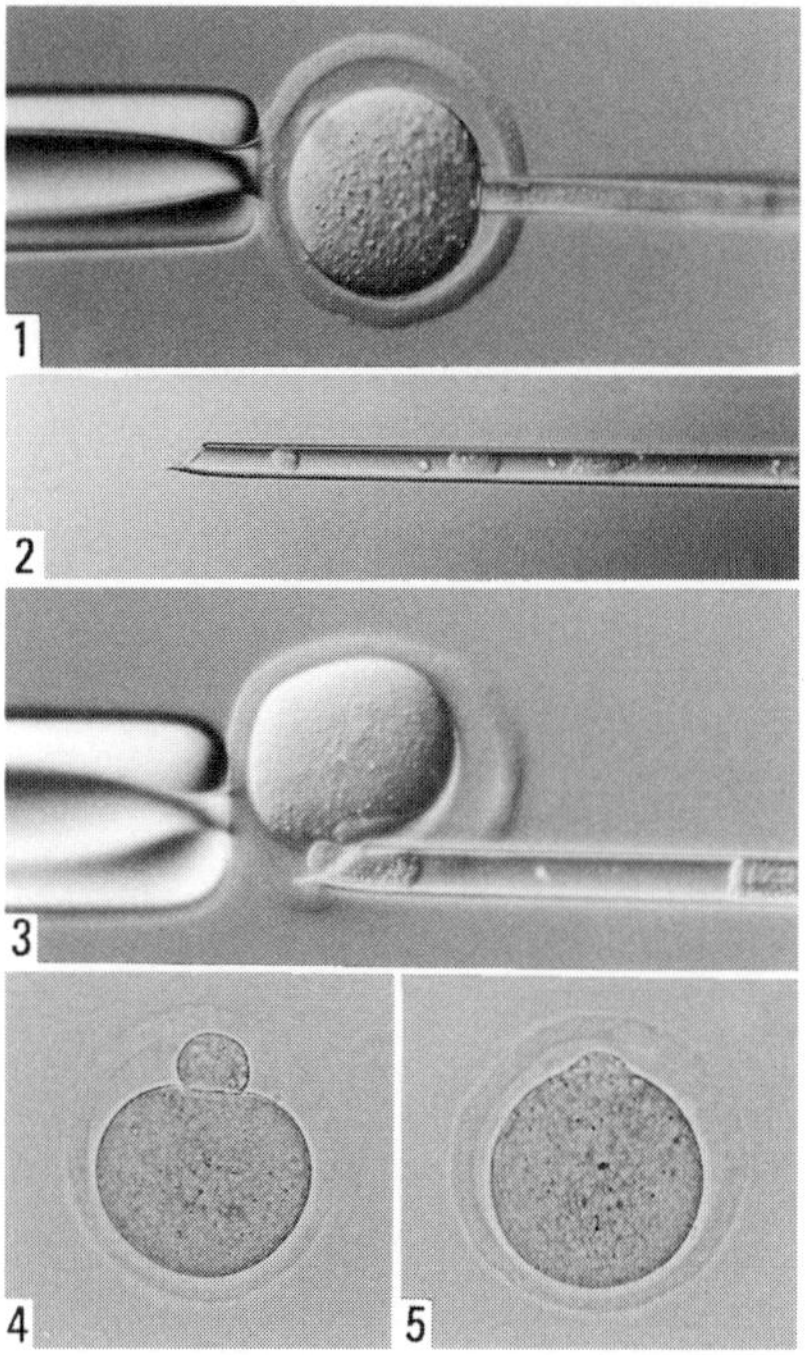

1
排卵された第二成熟分裂中期の卵子の染色体（核）を除去する（除核）

2
線維芽細胞を注入ピペット内に吸引する

3
線維芽細胞を透明帯と卵細胞の間隙に注入

4，5
電気刺激により線維芽細胞と卵細胞が融合

図 4•4　除核未受精卵への体細胞核（線維芽細胞核）の移植（マウス）

し、その後化学物質の刺激によって発生を開始させているが、この方法は簡便で、しかも成功率が高い点が評価されている。このような方法ではなく、一般的な電気融合方式による体細胞（線維芽細胞）核移植の顕微鏡下での操作を図４・４に示した。

一般の核移植では、核だけではなくその周辺の細胞質が核とともに未受精卵に移植されることは、今までに述べたとおりである。第二章４で述べたように、細胞質にはミトコンドリアと呼ばれる器

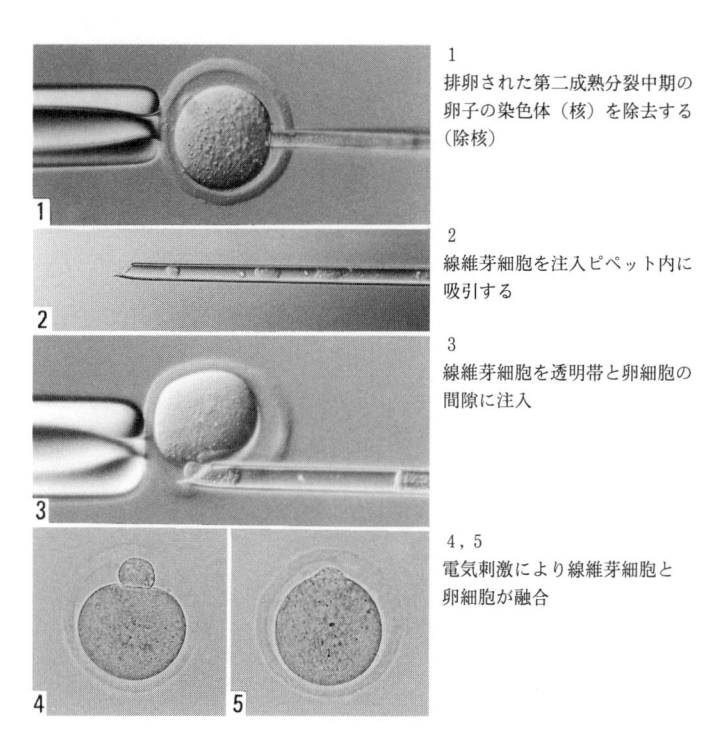

官があり、ここにも遺伝子が含まれているが、移植した段階では、核移植胚の細胞質には核移植によってもち込まれたドナー細胞のミトコンドリアとレシピエント細胞のミトコンドリアとが混在していることになる。しかし、発生の過程でドナー細胞由来のミトコンドリアは消失してレシピエント細胞に由来するミトコンドリアだけが残るので、核移植によって生まれるクローンの中には、未受精卵の細胞質に由来するミトコンドリアの遺伝子だけが入っているのである。ミトコンドリアに関しては、クローンは細胞核を供与した親と同一にはならないため、核移植によって生まれるクローンは親の完璧なクローンというわけではない。ドナー細胞とレシピエント細胞を同じ個体からとらない限り、完璧なクローンにはならないのである。

日本では肉質のよい優良和牛の生産に対する関心が高いため、和牛を中心に核移植が行われているが、核は特定の和牛のものが用いられても、未受精卵のほうは屠場から豊富に買える乳牛のホルスタインのものが使われることが多いので、生まれるウシの細胞質のミトコンドリアはホルスタイン由来のものになるという。

体細胞を用いた場合の利点

受精卵を用いた核移植と体細胞を用いた核移植について述べてきたが、両者とも用いる細胞が違うだけで、核移植の手順に大きな違いはない。しかし、受精卵を用いたクローンでは、雌親と雄親の両方の遺伝子を受け継ぐため、どのような形質をもった子が生まれるのか明らかではない。これに対し体細胞を用いたクローンでは、生まれる子は核を供与した親の遺伝形質を受け継いで親のコピー（完璧なコピーではないが）となる点で、両者の間には大きな違いがある。何回も述べたように、受精卵を用いた核移植で生まれる子は親のコピーではなく、生まれる子が一卵性多子で子同士がクローンなのである。

優れた資質をもった家畜をコピーしたクローンを得るためには、体細胞を用いた核移植が必要で、この核移植を行えば、理論上優れた資質を備えた家畜を無限に生産できる。体細胞は体外で培養して増やすことができるが、必要のない場合には凍結保存しておき、必要に応じて解凍して増やすことも可能なのである。

胚性幹細胞（ES細胞）を核移植に利用できるか

一九八一年イギリスで、ケンブリッジ大学のエバンスとカウフマンは、マウスの胚盤胞期の胚を回収し、その内部細胞塊（未分化の細胞の塊で、胎児になる細胞）を分離して特殊な成分を含む培養液で培養する方法で、胚性幹細胞（ES細胞）と呼ばれる細胞株を樹立することに成功した。

ES細胞は未分化の細胞であって、がん細胞のように体外の培養液中で無限に増殖するが、がん細胞とは違ってその染色体の数や形に異常はみられない。このような増殖力にもかかわらず、ES細胞は単独では動物の個体をつくることができない。しかし、ES細胞を正常な胚盤胞期の卵子中に注入すると、胚の発生にともなってこの細胞もさまざまな器官に分化して、正常な細胞とES細胞とが入り混じったキメラマウスが得られる。このキメラマウスの精子や卵子にもES細胞由来のものが混じるので、このキメラマウス同士を交配すると、ES細胞由来のマウスが得られることになる。ES細胞に有用な遺伝子を組み込むことができれば、その遺伝子をもつ個体をつくることができるため注目されているのである。

ＥＳ細胞は、体細胞とは違う未分化の細胞で、さまざまな器官に分化しうる能力をもっており、しかも培養によって無限に増やすことができるから、核移植のドナー細胞として好ましい条件を備えていることになる。また次節でも述べるように、ＥＳ細胞に遺伝子を導入するのが容易であるため、ＥＳ細胞に有用な遺伝子を導入して、これを核移植に利用できる利点をもっているのである。しかし、ＥＳ細胞株は最初にマウスで作成され、のちにマウス以外の動物でも試みられたものの、マウス以外の動物での作成は困難で、ＥＳ細胞の利点を核移植に生かせていないのが現状である。

「ドリー」を作出したイギリスのロスリン研究所でも、ヒツジでＥＳ細胞株の作成を長年試みたが、成功しなかった。同研究所では、「ドリー」誕生報告の一年前の一九九六年に、妊娠後九日目のヒツジの胚から採取した細胞を継代培養した培養細胞を核移植に用いて二頭のクローン（「ミーガン」と「モーラグ」）を得たことを報告しているが、この培養細胞はＥＳ細胞とは異なり、すでに分化途上にある細胞であると考えられている。この細胞を、「ドリー」の場合と同じく、血清飢餓培養したのちに核移植に用いているが、「ドリー」誕生の報告に先立つこの実験結果も、分化した細胞を用いた核移植によってクローンが得られる可能性があることを示しているといえよう。

一九九七年、日本でも全国農業協同組合連合会が、培養細胞の核移植で黒毛和種の雄牛を生ませることに成功した。受精後七日目の受精卵の内部細胞塊を取り出して七日間培養し、約二〇〇個に増殖した細胞（ＥＳ細胞ではないが、それに近い細胞）をドナー細胞として核移植に用いたのである。受精卵の細胞（割球）を用いる方法では、用いられる細胞の数に限りがあり、受精卵を採取するための費用と手間が必要であるが、この方法では一個の受精卵からより多くのドナー細胞を移植できる利点があるという。この方法によるクローン牛の作出は、アメリカのウィスコンシン州立大学に続き、世界で二例目となった。

5. 遺伝子組換え動物のクローンをつくる

遺伝子組換え動物をつくるためには、外来の遺伝子を人為的に動物の細胞内へ導入しなければならない。この方法には、従来から行われているマイクロインジェクション（顕微注射）法があり、一九八二年、これによってラットの成長ホルモン遺伝子が導入されたスーパーマウスがつくられて話題になった。その後現在までに、遺伝子組換え動物を医薬品の生産や医療へ利用する研究が進められているので、第五章1、2においてその現状を述べることとする。

マイクロインジェクション法は遺伝子導入の効率が極めて低いので、ＥＳ細胞へ遺伝子を導入する方法が検討されているが、ＥＳ細胞への導入は今のところＥＳ細胞株が確立されているマウスに限られ、他の動物種へは適用されていない。

遺伝子を核の中へ入れるマイクロインジェクション法

マウスを例にとると、卵子が受精してまもなく雄性前核と呼ばれる精子由来の核が卵子に形成され

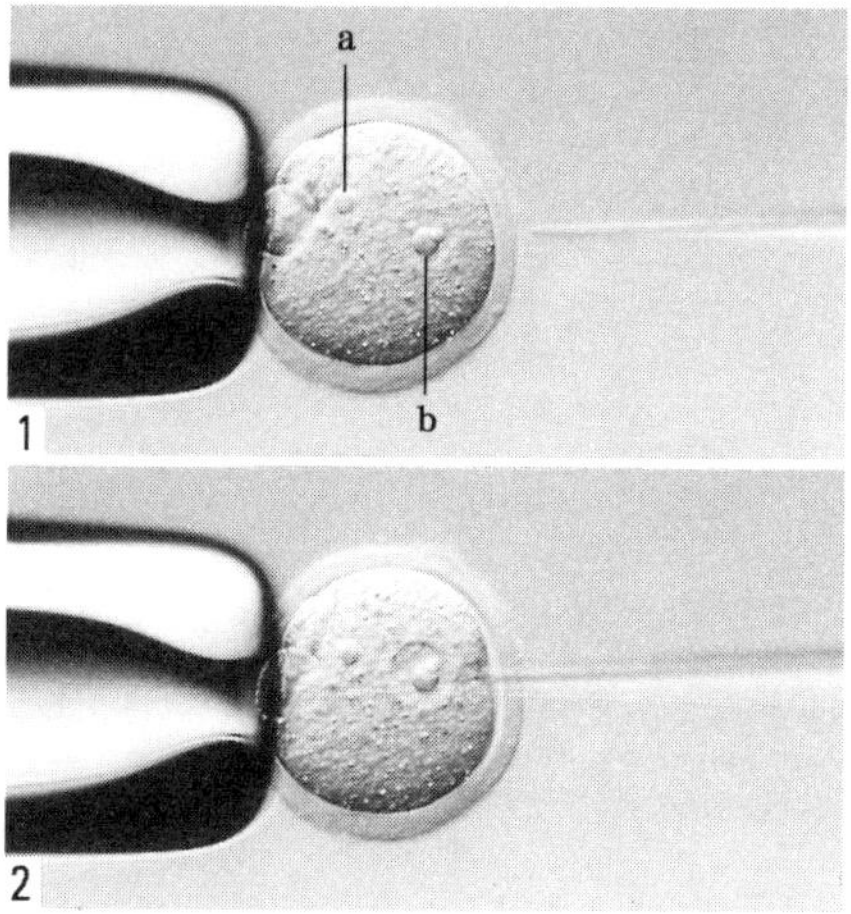

1
DNA 溶液注入前に受精卵をホールディングピペットで保持する.
a : 雌性前核
b : 雄性前核

2
雄性前核(b)への DNA 溶液の注入

図 4•5　前核への外来 DNA 溶液の注入(マウス)

るが、卵子自体にも雌性前核が形成され、時間の経過とともに両方の前核が卵の中央に移動して、やがて両核が融合して核膜は消える。一般的に、外来の遺伝子をマウスの受精卵に導入する場合には、雄性前核と雌性前核が融合する前に、雌性前核より大きい雄性前核の中へ微小なガラス注射針を用いて外来の遺伝子ＤＮＡを注入するのである（図４・５）。融合前の雄性前核はＤＮＡがほぐれた状態になっているので、ここに遺伝子ＤＮＡを注入すると、注入したＤＮＡ断片が精子のＤＮＡの中に組み込まれるのではないかと考えられている。このような遺伝子の注入法がマイクロインジェクション（顕微注射）法である。組み込まれたＤＮＡは細胞分裂の過程で各細胞へ伝わり、最終的には体のすべての細胞が外来遺伝子をもつ個体が得られる。得られる動物は形質転換動物（トランスジェニック動物）と呼ばれる。

遺伝子をES細胞に入れて導入の効率を高める方法

遺伝子組換え動物の作出は、従来からマイクロインジェクション法によって行われてきた。この方法は操作が難しいうえに、遺伝子導入の効率も極めて低く（一％以下）、遺伝子を導入した受精卵を移植して育ててみないと、目的の形質転換動物が得られたかどうかわからないという欠点がある。

これに比べ、ES細胞へ外来遺伝子を導入する方法では、ES細胞と外来遺伝子を含む液に電気パルスを加えることによって、外来遺伝子を容易にES細胞内へ導入できる利点をもっている。処理のために大量のES細胞を扱うことができ、処理後には遺伝子導入が確認されたES細胞を選別できる点も大きな利点である。

ところで、ES細胞内の特定の遺伝子と構造が酷似した改造遺伝子をつくり、これをES細胞内に導入すると、「相同遺伝子組換え」と呼ばれる現象によって、ある頻度で改造遺伝子が細胞内部の特定の遺伝子と入れ替わることが知られている。この現象をうまく利用すると、細胞内の特定の遺伝子の機能を壊したり、別の遺伝子と入れ換えたりできるはずである。「相同遺伝子組換え」現象によってマウスの特定の遺伝子を破壊してしまい、このようなES細胞からつくられる動物を観察することによって、破壊された遺伝子の機能を探ることができる。これを「ジーンターゲッティング」と呼び、遺伝子が破壊されたES細胞からつくられたマウスを「遺伝子ノックアウトマウス」と呼ぶ。

マウスではES細胞株が樹立されているので、これが遺伝子組換えマウスの作出に利用されているが、前にも述べたように、マウス以外の動物種でのES細胞株の樹立は困難であった。一九九八年一一月には、アメリカでヒトのES細胞の培養に成功したことが報じられ、二〇〇〇年九月には、日本でサルのES細胞の培養に成功したことが報告された。家畜でもES細胞株が樹立されるようになると、この細胞株に遺伝的改変を行い、この細胞から核移植によってクローンを得ることで、有用な家畜を効率よく増やせるようになるであろう。

スーパーマウスの誕生

一九八二年に、いわゆるスーパーマウスがアメリカのパルミッターらによって作出されて話題になった。このマウスは、ラットの成長ホルモン遺伝子がマイクロインジェクション法によって導入されたために、通常のマウスの二倍くらいの大きさに成長した形質転換マウスである。成長ホルモン遺伝子に、肝臓で合成されるメタロチオネインという金属結合タンパク質遺伝子のプロモーター（第二章2）部位を結合した人工の遺伝子をつくり、これを受精卵の雄性前核に注入することによって形質転換マウスを得ることができた。マウスに飲み水と一緒に亜鉛を与えると、成長ホルモン遺伝子が肝臓で発現し、成長ホルモンが多量に生産されるため、マウスの体重が増加するのである。

ヒツジ、ブタ、ウシなどでも成長ホルモン遺伝子を導入した形質転換動物が得られているが、内臓の疾患などが多く発生し、成長が著しく促進された家畜にはなっていない。

6. 染色体を操作して雌の魚のクローンをつくる

動物の場合、通常の生殖方法で繁殖する限りすべて有性生殖となるが、アメーバやゾウリムシのような単細胞の原生動物では無性生殖が普通にみられる。また、有性生殖をするクラゲ、プラナリア、ホヤなどでも、無性生殖がみられるという。

脊椎動物の魚類でも、ギンブナではクローンの集団が自然界に存在することが知られている。ギンブナはほぼ日本全国に生息して、同じ河川や湖沼に複数のクローンの集団が存在する場合があり、このようなクローン集団はいずれも三倍体の雌である。三倍体の雌がどのようにして出現したのか明らかではないが、この三倍体のギンブナでは、減数分裂が起こらず、体細胞分裂と同じような過程を経て子がつくられるため、雌親と同じ遺伝子型をもつ三倍体のギンブナのクローン集団が維持されているらしい。二倍体のギンブナでは、雄と雌の数はほぼ同数である。

魚の人為的なクローン作出では、核移植による研究も行われているものの、一般的には雌性発生など、いわゆる染色体操作の研究に重点がおかれているので、これらの研究について述べる。

雌の魚だけを発生させる技術

魚では、数の子、いくら、たらこ、キャビア、からすみ、筋子などの卵が高く取引きされるほか、シシャモやカレイなどのように子持ちの雌が珍重されるので、雌の魚だけを発生させる雌性発生技術が早くから検討されてきた。雌性発生二倍体や三倍体をつくるためには、染色体の倍数化処理や卵子または精子の遺伝的不活化などの操作を行うのだが、このような操作は染色体操作と呼ばれている。

魚の卵は、受精の時点では染色体は2nである。受精後しばらくすると、2nの染色体が二つに分かれ、この中の一つの染色体（n）は第二極体として卵外に放出される。卵内に残った染色体（n）

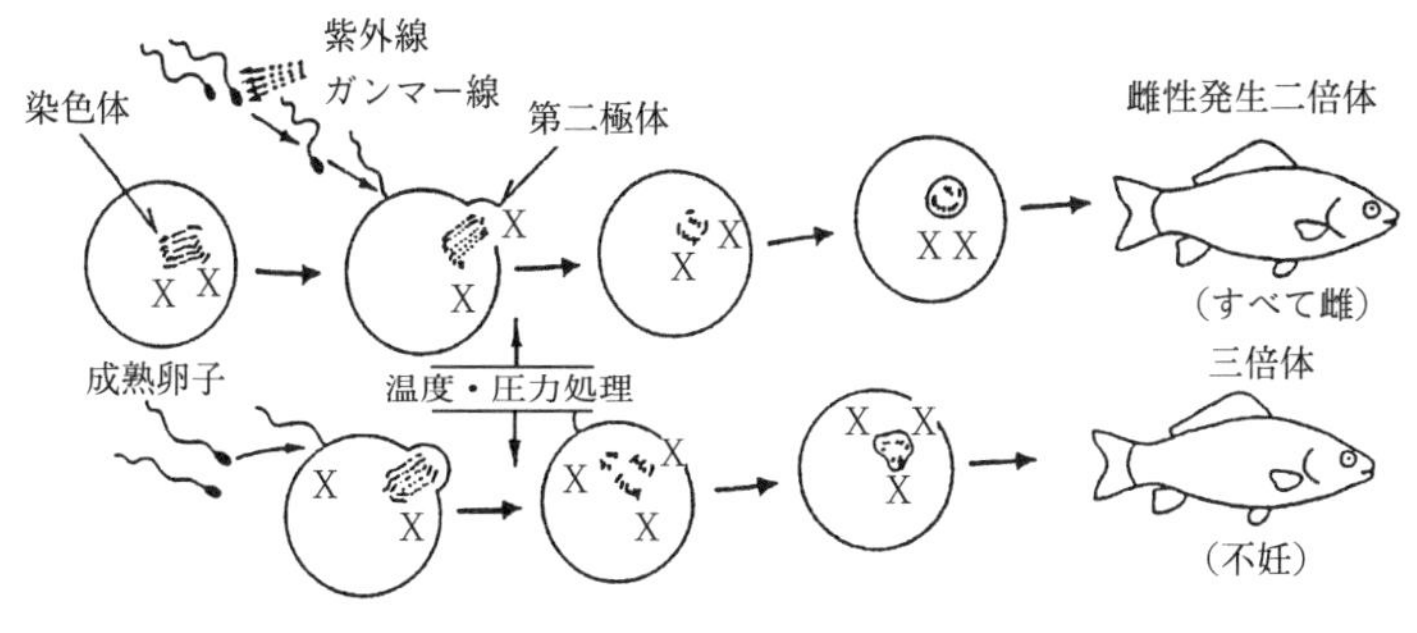

図4・6　雌性発生二倍体および三倍体の作出（尾城隆，1994より改変）

は精子がもち込んだ染色体（n）と合体して二倍体（2n）となり発生が始まる。精子の染色体にはXとYがあるので、受精卵はXX（雌）とXY（雄）が半数ずつ生ずることになる。

以上のような正常な受精による発生ではなく、雌だけを発生させる雌性発生（雌性前核から始まる発生の意）二倍体作出の場合には、雄親から精液を取り出し、これに紫外線やガンマー線を照射して精子の遺伝子を破壊する。この場合、精子の受精能力が失われないように、紫外線やガンマー線の適当な照射量を事前に検討しておく必要がある。このような方法によって不活化した精子で卵を受精させると、卵の2nの染色体の一方の染色体（n）は第二極体として卵外に放出されるが、卵内に残ったもう一方の染色体（n）は遺伝的に不活化された精子の染色体とは合体できないので、このままでは半数体となり、発生の途中で死滅してしまう。そこで、受精後第二極体が放出される前に、卵に冷却、加温または加圧などの処理を加えると、第二極体の放出が阻止され、二倍体のXX（雌）が生まれるのである（図4・6）。

雌性発生技術は一九八三年に小野里によってサケでの成功が報告されてから、ニジマス、アユ、コイ、ヒラメ、ドジョウなど多くの魚種で成功している。

雌の魚だけを量産する方法

魚にホルモン処理をすると、比較的簡単に性転換を起こすことができる。雄性ホルモンを雌（XX）に経口的に与えるか、または雄性ホルモン中で雌を飼育すると、精巣が発達して外観も雄となるが、遺伝子型はXXのままなので、このような雄は偽雄と呼ばれる。この偽雄がつくる精子はすべてX染色体である。このような雄に普通の雌を交配するとすべて雌（XX）になるので、この方法は雌の価値が高い魚種の量産に適している。ただしこの方法では、偽雄（XX）の中に本当の雄（XY）が混ざっているとその区別が難しいので、前述の雌性発生で得られた雌を雄性ホルモンで偽雄とし、これを同じく雌性発生で生まれた雌の卵と交配するのが得策である。

三倍体の魚は大きくなる

染色体を人為的に倍加させて三倍体の魚をつくることもできる。雌性発生では紫外線やガンマー線で雄の精子を不活化しているが、三倍体の魚の作出では不活していない正常な精子が用いられる。正常な精子で卵を受精させたのち、第二極体が放出される直前に卵に冷却、加温、または加圧などの処理を加えると、三倍体の魚が得られる。ニジマス、ギンザケ、アユ、コイ、ドジョウなどで、このような三倍体の魚を得ることに成功している（図4・6）。

一般に、魚は産卵期になると体内に蓄えられた栄養が生殖腺の成熟に利用されて肉の味が落ち、商品としての外観や肉質が低下する。しかし、三倍体の魚は多くの場合不妊なので、生殖腺を発達させるためのエネルギーが筋肉にまわされて魚は大きく成長し、肉質の低下も防げるという。三倍体の魚には雄（XXY）と雌（XXX）があるが（図4・6では雌）、三倍体の雄では精巣が発達する場合があるので、雄は好ましくない。

雌の魚のクローンをつくる方法

前に述べた雌性発生技術では、不活化した精子で卵を受精させたのち第二極体が放出される前に、卵に冷却、加温、または加圧などの処理を加えて第二極体の放出を阻止（極体放出阻止法と呼ばれる）した。この方法によって得られる胚は異型接合二倍体となるので、生まれる子の遺伝子は均質にならない。しかし、第二極体が放出されてから卵に処理を加え、やがて起こる第一卵割を阻止して二倍体の雌（XX）を発生させる卵割阻止法と呼ばれる雌性発生技術では、得られる胚は同型接合二倍体となり、生まれる子の遺伝子は均質となる。

卵割阻止法によって得られたこの卵について、極体放出阻止法による雌性発生を行うと、得られる子は母親の完全な遺伝的コピーとなり、子同士も均一なクローンになる。この方法によると、二代目でクローン集団が得られるが、このこのちは「雌の魚だけを量産する方法」で述べたように、雄性ホルモンによってクローン雌の一部から偽雄をつくり、これにクローン雌を交配することにより、クローンを効率よく増やすことができる。

第五章　クローン技術の医薬と医療への応用

——クローン技術は医薬品生産と医療でどのように利用されているか

クローン技術は、動植物の生産に利用されるだけでなく、医薬品の生産や医療にも利用されているので、この章でまとめて解説する。

薬用植物は生薬として古くから利用され、現在ではこのような植物の細胞を培養して薬効成分を得ることに成功し、実用化されたものもある。遺伝子を導入した組換え植物に医薬品などを生産させる研究も進められていて、そう遠くない将来「食べるワクチン」などが実用化するものと期待されている。

動物では、イギリスのクローン羊「ドリー」に続いて誕生した「ポリー」で知られるように、遺伝子を導入した組換え動物に医薬品を生産させる研究が進められ、一部の医薬品では実用化を目指した臨床試験が行われているという。また、動物の臓器を移植用に用いるなど、医療への利用の研究も進められている。

最近では、胚性幹細胞（ＥＳ細胞）を用いて人体の組織再生を目指す再生医療の研究が世界で競って行われ、話題となっている。

1. クローン技術を利用して医薬品を生産する

植物の細胞培養で医薬品などを生産

植物は、食用としてばかりでなく、生薬、染料、香辛料などとして古くから利用されてきた。これらの有用物質の多くは、二次代謝産物と呼ばれる。植物がその生命を維持するために必要な一次代謝と呼ばれる代謝によって、タンパク質、糖類、脂質、核酸などが合成され、これらの物質を材料として行われるより高次の代謝が二次代謝である。アルカロイド、テルペノイド、ステロイドなどがその産物で、多くの二次代謝産物の生成、蓄積は器官、組織特異的であるから、これらの有用物質の生産には細胞培養が極めて有効な手段となっている。

二次代謝産物の有用物質の中には、植物に特有で微生物によっては生産できないものや、構造が複雑で化学合成による生産が不可能なものも多い。このような物質は植物体から抽出しなければならないが、抽出では有用物質が微量にしか得られない場合にも、細胞培養は有効な手段となるのである。今までに生産された有用物質には表5・1のようなものがある。

オタネニンジン（薬用ニンジン）では、古谷が一九七〇年、培養したニンジンのカルスから、栽培品と変わらない有効成分のジンセノサイドを得ることに成功し、その後本格的な工業的生産が日東電気工業で行われるようになった。

さまざまな薬用植物から有用物質を効率よく生産させるために、薬用植物にアグロバクテリウム・

表5•1　植物細胞培養による有用物質生産の例

分　野	有用物質	培養植物	用　　途
医　　薬	アトロピン	ベラドンナ	副交感神経遮断薬
	キニーネ	キナ樹皮	マラリアの化学療法薬
	ジオスゲニン	ヤマノイモ	性ホルモンなどの合成原料
	ジギトキシン	ジギタリス	強心薬
	ジゴキシン	ケジギタリス	強心薬
	ジンセノサイド	オタネニンジン	強壮薬
	ビンクリスチン	ニチニチソウ	制癌薬
	ビンブラスチン	ニチニチソウ	制癌薬
	ベルベリン	オウレン	整腸薬
	モルヒネ	ケシ未熟果	麻酔薬，鎮痛薬
	レセルピン	インドジャボク	血圧降下薬
食品添加物	アントシアニン	ハナキリンなど	赤色色素
	アントラキノン	アカネ	赤色色素
	シコニン	ムラサキ	紫色色素
	ベタシアニン	赤ビートなど	赤色色素
化粧品原料	ジャスミン油	ジャスミン	香料
	ラベンダー油	ラベンダー	香料
	ローズ油	バラ	香料
そ　の　他	ステビオサイド	ステビア	甘味料

リゾゲネスという細菌（毛根病菌と呼ばれる）を感染させて誘導した、毛状根と呼ばれる多数の不定根を培養する方法が広く試みられている。カルス（脱分化組織）培養では二次代謝産物を生産しない場合も、アグロバクテリウムに感染させて毛状根を形成（分化誘導）させると、効率よく生産することが多いので、毛状根培養が有用物質の生産面で注目を集めている。脱分化したカルスの状態では、二次代謝産物が生産されない場合でも、培養条件を変えて分化を誘導すると、生産されるようになることが多い。古谷ら

も、薬用ニンジンカルスに毛状根を誘導すると、ジンセノサイド含量が増大することを認めている。毛根病菌は、根頭がんしゅ病菌（第三章6）がもつTiプラスミドに似たRiプラスミドをもってい て、毛根病菌が植物に感染すると、根頭がんしゅ病菌と同じような過程でRiプラスミドのT-DNAが植物の染色体に組み込まれ、形質転換した細胞が毛状根になるのである。毛状根の形成は、RiプラスミドのT-DNAに存在するオーキシン合成酵素遺伝子が発現して、オーキシンが多量に生産されることによる。

カルス培養した薬用ニンジンは生薬として認められていないので、細胞培養によって得られた薬用ニンジンの薬効成分は、ワインやドリンクに入れられて市場で販売されている。薬用ニンジンの主産地は中国と韓国で、日本では長野県など一部の地域で生産されているが、収穫までに四〜六年の栽培期間が必要で、昔から極めて高価な植物である。

ムラサキの根（紫根）に含まれる赤紫色の色素（シコニン）は、抗菌作用や創傷治癒作用をもち、古くから生薬や染料として用いられてきた。三井石油化学工業は、シコニンの高生産株を分離して培養条件も種々検討した結果、細胞培養によるシコニン生産の工業化に成功した。細胞培養で得られたシコニンを用いて製造された、いわゆるバイオ口紅がカネボウから販売されヒット商品になったことは記憶に新しい。

遺伝子組換え植物で医薬品などを生産

植物が本来生産する物質以外の有用な生理活性物質などを、遺伝子を組み換えた植物につくらせる試みが盛んに行われている。これは後述の動物工場にあたる概念で、植物を工場に見立てて植物に有用物質を生産させるのである。ただし、すでに第三章3で述べたように、植物工場は環境調節装置内で効率よく植物を生産させるシステムのことを指しているから、この節で植物工場という用語を用いるのは適切でない。

植物に医薬品などを生産させる試みでは、海外のベンチャー企業を中心に、開発に向けた研究が進められている。最初に成功したのは一九八八年ベルギーで、エンケファリン（脳内に存在する、神経ペプチドの一種）をナタネで生産させた研究である。エンケファリンの遺伝子をナタネの種子タンパク質のプロモーター（第二章2）につなぎ、これをベクターに組み込んでナタネに導入し、エンケファリンの遺伝子をナタネの種子の中でだけ発現させる研究は、エンケファリンの抽出が容易である点で画期的であった。この頃から、食糧ではなく医薬を植物につくらせるこのような農業に対して、分子農業という表現もされるようになった。

病原体などの抗原が動物の体に入ると、これに特異的に反応する抗体が血清中に現れてくる。抗体を含む血清は抗血清と呼ばれ、病原体に対する免疫能を付与するために用いられている。このような抗体を含む抗血清が従来から動物を利用してつくられているが、現在ではトウモロコシやダイズなどの植物を利用してさまざまな抗体がつくられるようになった。また、抗体ではなく抗原（ワクチン）を生産する試みもされており、タバコでB型肝炎ウイルスなどの抗原をつくることに成功している。病気予防のために、野菜や果樹で特定の抗原をつくることができるようになると、将来的には「食べるワクチン」が実用になるであろう。現在、無毒化したコレラ毒素の一部をジャガイモにつくらせる研究にも成功しており、これを食べたヒトの体内に抗体ができることが確認されている。

植物ウイルスをベクターとして外来の遺伝子を植物に導入し、その植物に有用物質を生産させる方法もある。この場合は、外来遺伝子は植物細胞の核の中に組み込まれないので、植物を形質転換させることはできない。しかし、ウイルスベクターは植物の中で独立して増殖するので、導入した遺伝子によって有用な物質を効率よく生産させたい場合には好都合である。

タバコモザイクウイルスをベクターとして用い、エイズの治療薬として期待されているトリコサンチンをタバコで生産させることに成功しており、アメリカでは野外栽培試験も終了しているという。日本では、タバコでインターフェロンを生産させる研究や、血圧降下作用をもったペプチドをトマトの果実で発現させる研究などが進められている。

動物の細胞培養で医薬品を生産

第二章7で述べたように、大腸菌などの微生物に遺伝子を導入することによって、多数の医薬品がつくられた。これらはヒトインスリン、ヒト成長ホルモン、インターフェロン、上皮細胞成長因子（EGF）、インターロイキン2、セクレチン、エリスロポエチン、第八血液凝固因子、B型肝炎ワクチンなどで、これらのバイオ医薬品の日本における市場は四五〇〇億円に達するという。

微生物によって生産されるタンパク質には、それ自身で生理的な機能をもっているものもあるが、タンパク質のプロセッシングと呼ばれる過程を経て初めて生理的な機能をもつようになるものも多い。タンパク質によっては、特定のアミノ酸の修飾や糖鎖の付加などの過程を必要とする場合があるが、糖鎖の付加などは真核細胞特有の反応であるから、このような場合には、宿主として微生物よりも動物の細胞を用いるほうが望ましいであろう。また、医薬品となるヒト・タンパク質は構造が複雑で巨大なものが多く、大腸菌などの微生物では生産できない場合が多い。

このようなわけで、前述のエリスロポエチン、第八血液凝固因子、B型肝炎ワクチンなど、現在は動物細胞を用いてつくられている。しかし動物の細胞培養は、合成培地だけでは細胞の培養がうまくいかないため、高価なウシの胎児の血清を欠くことができず、また培養のための設備自体にもかなりの投資が必要となる。後述の動物工場――動物細胞ではなく、動物の個体に医薬品を生産させるシステム――を利用すると、動物細胞を培養した場合に比べ、同じ医薬品をはるかに安い費用で生産できる可能性があるという。動物での医薬品生産に関するおおかたの研究の関心は、動物工場に移っているのである。

モノクローナル抗体は、免疫したマウスの脾臓から得た抗体産生細胞から細胞培養によってつくられる。この抗体の産生技術は高く評価され、幅広く用いられているので、新たに一項目起こして説明を加えたい。

病気の診断や治療に利用されるモノクローナル抗体

ヒトの体を病原体などの異物から守るために、免疫という現象があることはよく知られている。ヒトの体には莫大な数のリンパ球があって、これにはB細胞とT細胞とがある。これらの細胞が抗原（病原体などの異物）に対して働くため、免疫系の機能が保たれているのである。B細胞は抗原の刺激によって抗体を産生し、抗原を攻撃するが、T細胞は抗原と反応して、B細胞の抗体産生を調節したり、直接標的の細胞にとりついてこれを破壊する作用をもっている。

生体内に異物が侵入すると、この抗原に対して抗体がつくられる。一つの抗原に対してつくられる抗体は多種類の抗体分子の集まりからなっているので、タンパク質として均一ではないことが知られている。抗原には複数の抗原決定基と呼ばれる部位があって、ここに結合する抗体はそれぞれの抗原決定基に対してつくられるので、複数の種類の抗体がつくられるのである。それぞれの抗原決定基に対してはそれぞれの抗体産生細胞が存在しており、複数の抗体産生細胞でつくられる抗体はポリクローナル抗体と呼ばれている。これに対して、一つの抗体産生細胞は一種類の抗体しか産生しないので、このような抗体がモノクローナル抗体と呼ばれるのである。

モノクローナル抗体は、免疫したマウスの脾臓から取り出した抗体産生細胞に、強い増殖性をもつ骨髄腫（骨髄細胞から発生する腫瘍）細胞を細胞融合させた融合細胞から作製することができる。抗体産生細胞は分裂できないので、単独では培養後一週間以内に死滅してしまうが、骨髄腫細胞と融合させられることによって生存が可能になるのである。融合細胞の中から目的とする抗体を産生している雑種細胞だけを選抜するには、このような雑種細胞だけが生存できるように考案された特殊な培地（HAT培地）が用いられるが、その詳細については省略する。得られた雑種細胞の中から目的とするモノクローナル抗体の産生量の多い株が選ばれ、この細胞が大量培養される。目的とする抗体一種類だけからなるこの細胞集団はクローンである。

動物を免疫することによって得られる抗体はポリクローナル抗体であるが、モノクローナル抗体は、ポリクローナル抗体に比べて抗原に対する特異性が高いので、この性質が利用されて、生体内の微量成分の単離や定量に威力を発揮している。モノクローナル抗体を利用して、その抗原をつかまえる「イムノアフィニティークロマトグラフィー」と呼ばれる方法を用いることによって、生体内に微量にしか存在しない物質を検出することができるのである。

がんなどの病気の診断や治療への利用も考えられている。がん細胞の表面には、正常な細胞には存在しない抗原があるので、これらの特異抗原に対するモノクローナル抗体が得られると、これをがんの診断に利用できるのである。また、このようなモノクローナル抗体はがん特異抗原だけに結合するので、この抗体に制がん剤などを結合させて、がん細胞だけを選択的に破壊することも将来は可能になると期待されている。

抗原となる物質は病原体だけでなく、タンパク質、糖脂質、核酸など広範囲にわたるため、モノクローナル抗体の利用範囲は今後さらに広がるであろう。

動物工場での医薬品の生産

動物での医薬品生産に関する現在の研究の中心は、動物を工場に見立てて動物に医薬品を効率よく生産させる動物工場の開発である。動物の遺伝子を組み換えてその動物に医薬品を生産させるのだが、動物の乳汁中にその医薬品を分泌させるため、産乳量の多いウシ、ヒツジ、ヤギのほか、ブタが研究の対象とされた。

遺伝子組換え動物をつくるために、第四章5で述べたマイクロインジェクション法が従来から用いられてきた。しかし、この方法によって遺伝子が実際に組み込まれた動物が生まれる確率は一％以下と低く、たとえ遺伝子が組み込まれた動物が得られても、はたして満足できるレベルで医薬品を生産するかどうかは疑問である。

核移植によって組換え動物をつくる場合はどうであろうか。マイクロインジェクション法では受精卵細胞に遺伝子を注入するが、核移植では培養細胞に遺伝子を導入することになる。培養細胞は、受精卵細胞のような数の限られた細胞とは異なり、ほぼ無限に存在しているから、数の面でも作業のしやすさの面でも利点がある。

イギリスのウィルムットらは、「ドリー」に続いて「ポリー」を誕生させたことを前章で述べた。「ポリー」では、胎子由来の細胞に血液凝固因子をつくるヒトの遺伝子を組み込んで、その細胞からクローン羊をつくることに成功した。このヒツジはその乳の中にヒトの血液凝固因子を生産するのである。胎子由来の細胞を用いたこの核移植の成功率も極めて低い点が研究推進の足かせとなっているものの、この技術では、一度生産性の高い動物が得られれば、あとは同じクローン動物を効率よく増やすことで、企業としての採算が十分にとれると考えられている。

前章でも述べたように、家畜で胚性幹細胞株（ＥＳ細胞株）がつくられるようになると、有用遺伝子の導入が容易に行えるようになり、動物工場での医薬品生産の研究・開発は一挙に加速されるであろう。

これまでにウシ、ブタ、ヒツジ、ヤギなどの動物からヒト・タンパク質が生産された例を表５・２に示す。まだ研究段階で実用化されていないものが多いが、前にも述べたように、ウシやヒツジなど

表5•2　トランスジェニック家畜を利用した医薬物質の生産

産生するヒト由来のタンパク質	医療目的
α1アンチトリプシン	肺気腫症，嚢胞性線維症の治療
第8血液凝固因子	血友病の治療
第9血液凝固因子	血友病の治療
アンチスロンビンⅢ	血液凝固防止剤，血栓溶解剤，脳卒中や心臓発作の治療
組織性プラスミノーゲンアクチベーター	血液凝固防止剤，血栓溶解剤，脳卒中や心臓発作の治療
プロテインC	血液凝固防止剤，血栓溶解剤，脳卒中や心臓発作の治療
コラーゲン	化粧品など
血清アルブミン	低タンパク症，ネフローゼ，やけど，大量出血等の治療
ラクトフェリン	免疫増強のために生乳中に生産

（今井裕，1997）

の乳から医薬品となるヒト由来のタンパク質をつくると、設備投資などの費用がかからず、しかも大量生産が可能で、産生するタンパク質も高い生理活性を保持しており、安全性も高いなどの利点をもつ。

現在実用化を目指して臨床試験が行われているのは、イギリスのPPL社のα1アンチトリプシン（肺気腫の治療薬）とアメリカのジェンザイム・トランスジェニックス社のアンチスロンビンⅢ（血液凝固防止剤）の二つである。前者のα1アンチトリプシンは一九九一年、ウィルムットを含むPPL社の研究グループが、ヒトの遺伝子をヒツジの受精卵に導入することによって得ることができた。遺伝子が導入されたヒツジの生まれる確率は一％以下と低かったが、一頭（「トレイシー」と名付けられた）だけは高い濃度のアンチトリプシンを産生した。

後者のアンチスロンビンⅢは、同じく一九九一年に、ジェンザイム・トランスジェニックス社の研究グループがヒトの遺伝子をヤギの受精卵に導入することで得られた。現在日本では、アンチスロンビンⅢを血漿から分離・精製していて、年に百数十億円の売上げがあるという。ヒトの血漿から分離する場合はエイズなどの感染の心配があるが、ヤギの乳から抽出するこの方法ではその危険性がない。しかし、動物特有の病気（スクレイピー）に汚染されていないかどうかなど厳重なチェックが必要になる。

2. クローン技術を医療に利用する

動物の臓器を移植用として利用する試み

日本では脳死ドナーからの臓器移植が認められなかったため、患者が欧米に渡って移植を受ける例が多く、新聞などでもそのような記事をよく目にした。しかし、一九九七年六月に臓器移植法が成立し、現在、脳死者からの臓器移植が行われていることはよくご存知であろう。

脳死者から提供される臓器は心臓、肝臓、肺臓、腎臓、すい臓、角膜などである。欧米では脳死者からの臓器移植は医療として定着しており、世界中で臓器移植を希望する患者が年々増加しているため、ドナー臓器の絶対数が著しく不足している。臓器移植の技術が進歩して助かる人が多くなったため、移植を希望する患者が増加しているのである。

このような臓器不足の問題を解決する手段として、動物の臓器を移植用に利用する、いわゆる異種移植の試みが一九六〇年代から行われてきた。しかし、異種臓器の移植後数分で起こる拒絶反応（超急性免疫拒絶反応）のために、思うような成果が得られていない。

　ブタは、心臓や肝臓など臓器の大きさがヒトに近く、多産で飼育も容易なことから、移植用の臓器を提供する動物として期待されている。しかし、ブタの臓器を移植用ドナーとして利用するためには、拒絶反応を抑えなければならない。

　超急性免疫拒絶反応は、ブタの抗原に対してヒトの体の中に誘起される補体と呼ばれる物質の反応によるものである。この反応は本来さまざまな補体制御因子によって抑制されているが、ブタの補体制御因子はヒトに誘起された補体反応を抑制できないのである。超急性免疫拒絶反応を防ぐために、ブタにヒトの補体制御因子を導入したらどうだろう、という観点から研究を進め、ヒトの補体反応をある程度抑制する形質転換豚が得られている。しかし、拒絶反応を十分に抑えるためには、複数存在するヒトの補体制御因子の導入についてのさらなる検討や、ブタに存在する拒絶反応にかかわる遺伝子のノックアウト（第四章5）が必要であるとされている。

　クローン羊「ドリー」作出にかかわったイギリスのＰＰＬ社は、二〇〇〇年三月に五匹のクローン豚を世界で初めて誕生させたが、二〇〇二年一月には、ブタ胎児の細胞からアルファガラクトース転移酵素の遺伝子をノックアウトの手法により除去し、これを除核した別のブタの未受精卵に移植することによって、拒絶反応を抑えたクローン豚を誕生させることに成功した。

　動物を犠牲にしてもいいのかという動物福祉の問題もあるが、ブタは食肉用に供されていることもあり、サルなどの高等霊長類を臓器移植の対象と考える場合に比べれば、抵抗感は少ないかもしれない。しかし、ブタなどの動物からのヒトへの感染症の危惧など、まだ検討を要する問題は多々残され

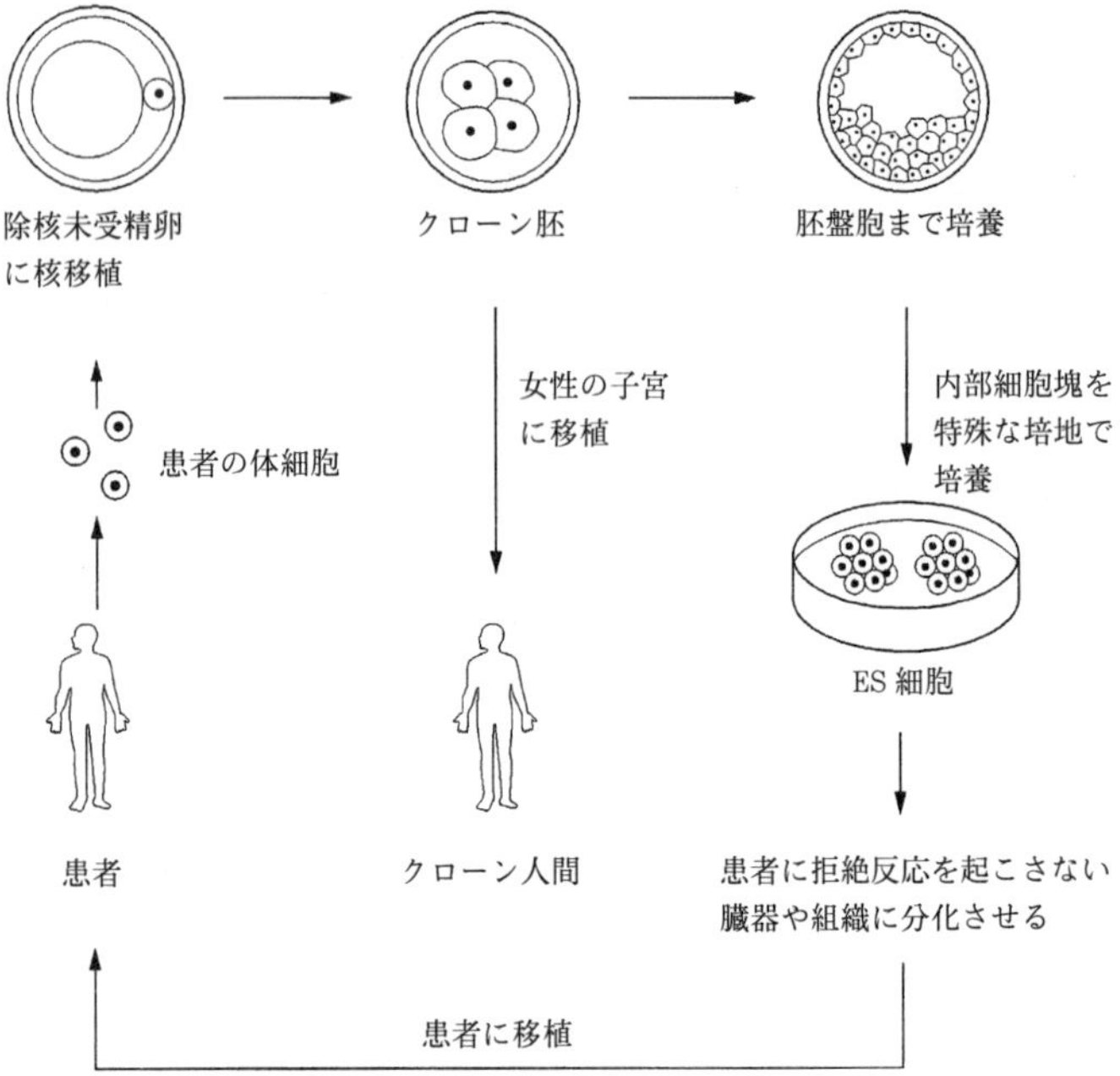

図 5•1　ヒト ES 細胞から臓器や組織をつくる

ている。

もっとも問題になっているのは、ブタの染色体に組み込まれている内在性のレトロウイルスである。このウイルスはゲノムにＲＮＡをもつが、細胞内ではＤＮＡに逆転写されて宿主の染色体に組み込まれてから複製を始める。ブタに対しては何の害作用も与えないが、人体に入った場合には、染色体に組み込まれて生涯生体内で感染を持続するので、同じレトロウイルスであるエイズウイルスのように慢性疾患をもたらすのではないかと危惧されているのである。

イギリスのイムトラン社は、ブタの皮膚細胞を移植したり、ブタの腎臓を透析に一時的に使ったりした世界八か国一六〇人について調査し、ウイルス感染者は一人もいなかったことを報告している。しかし、安全性についてはなお慎重な検討が必要であろう。

二〇〇〇年八月、日本でも農林水産省畜産試験場でクローン豚を出産させることに成功したと報じられた。PPL社に次いで二例目である。他方、同年八月には、アメリカの研究者がブタに潜伏しているある種のウイルスがマウスに感染することを示した研究結果を発表したと報じられている。

一九九一年一一月、アメリカの大学と企業がヒトの胚性幹細胞（ES細胞、第四章4、5）をつくる実験に成功したことが報じられた。不妊治療で体外受精させた胚のうち、使われなかった胚の提供を受けて、これからES細胞をつくったのである。ES細胞は、臓器などの組織に分化する元の細胞であるから、これらの細胞から各種の細胞が分化する仕組みが今後明らかにされ、ES細胞を元にした移植用の臓器がつくられるようになると期待されている。

図5・1のように、除核した未受精卵にヒトの体細胞を核移植してこれを発育させた胚（クローン胚と呼ばれる）からES細胞をつくると、その体細胞を提供したヒトに対して拒絶反応を起こさない臓器や組織を移植できるわけであるが、クローン胚を女性の子宮に移植するとクローン人間が生まれる可能性があるので、このようなクローン胚の作出は一般的には認められていない。ヒトES細胞の医療での利用については、第六章2を参考にしていただきたい。

ヒトの遺伝子疾患モデル動物としての利用

形質転換動物は、マウスなどの動物の受精卵に、ある特定の遺伝子を導入することによってつくられるから、導入したその遺伝子がマウスなどの個体内でどのような機能を果たしているかを調べることができる。ヒトの遺伝病には、遺伝子の変異が原因で起こるものがあるので、このような変異遺伝子を導入した形質転換マウスが遺伝子疾患のモデル動物としてつくられて、遺伝病の発症機構の解明や治療法の開発に利用されている。

家族性アミロイドーシスという遺伝病は古くから知られているもので、アミロイドと呼ばれる不溶性のタンパク質が体内に蓄積して神経障害を起こす。九州大学や熊本大学の研究グループは、この遺伝病の原因と考えられるトランスサイレチン遺伝子を分離することに成功し、その遺伝子の塩基配列を調べたところ、一個の塩基が変異しており、そのためアミノ酸が一個変化していることが明らかになった。この変異型トランスサイレチン遺伝子をマウスに導入したところ、形質転換したマウスの組織にアミロイドの沈着がみられた。このような疾患モデル動物を用いて、さまざまな治療法を試みることができるのである。

古くから動物にがんをつくるウイルスがあることが知られていた。そして、発がんはこのウイルスゲノムにがんをつくる特異な遺伝子が含まれているために起こることが明らかになった。このようなウイルス性がん遺伝子がなぜウイルスゲノムに含まれているのかが疑問だったが、その後宿主細胞のゲノムDNAにも同じような遺伝子が存在していることがわかり、これらのがん遺伝子はウイルス感染によって宿主細胞からウイルスゲノムに取り込まれたものであることが判明した。ウイルスに取り込まれた遺伝子の多くは、本来は宿主細胞の増殖、分化、分裂周期の制御など細胞の重要な機能にかかわっている正常な遺伝子（がん原遺伝子と呼ばれる）が変異したものであることが明らかになっているが、このような変異によって、遺伝子の機能が異常になると細胞はがん化するのである。一方、正常な細胞に存在して、細胞のがん化を防ぐがん抑制遺伝子と呼ばれるグループの遺伝子があることも知られている。

しかし、一種類のがん原遺伝子やがん抑制遺伝子の変異によって正常な細胞ががん化するわけではなく、いくつかのがん原遺伝子やがん抑制遺伝子の異常が細胞の中で蓄積することが細胞のがん化につながるという。このような発がんの機構解明には、さまざまながん遺伝子を導入した形質転換マウスが利用されている。

ウイルス性の疾患の中にはエイズ（後天性免疫不全症候群）があり、エイズを引き起こすウイルスは世界中で脅威となっている。一〇年たらずの間に全世界に蔓延し、国連によると、二〇〇一年末の感染者が世界全体で四〇〇〇万人に達しているという。

エイズウイルスは、細胞表面にＣＤ４というレセプター（受容体）をもつリンパ球に特異的に感染するが、このリンパ球は免疫反応に重要な役割を果たしているから、感染によってその数が減少すると、深刻な免疫不全が進行することになる。

エイズウイルスは、ヒト以外では一部の霊長類にしか感染しないので、エイズウイルスの感染機構や治療法の開発にマウスなどの実験動物を使用することはできない。また、サルなどの霊長類は高価であるし、動物福祉の観点からも、これらの動物を使用することは難しい。エイズウイルスがヒトやサルに感染して他の動物に感染しないのは、ヒトやサルに存在するエイズウイルス感染に対するレセプターが、マウスなど他の動物には存在しないからである。

しかし、最近ウイルスのレセプター遺伝子が分離できるようになったので、この遺伝子をマウスに導入することにより、エイズウイルスなどに感染する形質転換マウスを得ることも可能になった。サルなどの霊長類の動物を用いずとも、マウスでエイズウイルスの研究を行う道が開かれたのである。

遺伝子治療への利用

今のところ、遺伝子治療において当初期待されたような成果は上がっていない。患者の体内の異常な遺伝子を正常なものに取り替えることが現在の技術では難しく、異常な遺伝子をそのままにして正常な遺伝子を患者の体内に入れているので、はっきりした効果が現れないのである。入れた遺伝子が確実に導入されているかどうかも疑わしい。受精卵の段階で、遺伝子を取り替えることができれば、これは画期的な治療技術となるであろうが、影響が子孫に及ぶこのような方法は、どの国でも認められていない。ここでは、このような治療の現状について述べることにする。

遺伝病にはフェニルケトン尿症や血友病など、先天的な遺伝子の変異によって起こるものがある。前者は、フェニルアラニンというアミノ酸を代謝するフェニルアラニン水酸化酵素遺伝子が変異しているために、フェニルアラニンが体内に蓄積して脳の神経細胞が障害を受ける病気である。放置すると知的障害が起こるが、この病気の場合には、生後一定の時期までフェニルアラニンを含む食事をとらない食事療法により防ぐことができる。

後者の血友病は、血液凝固因子を支配する遺伝子の変異や欠失が原因で、血液凝固に必要な血漿中の成分が先天的に欠如しているために起こる病気で、この患者に対しては血液凝固因子を補給することで障害の発生を防ぐことができる。

以上に述べた遺伝病では、変異した遺伝子に手をつけることなく、患者をとりまく環境を変えることで治療できるが、このような方法で対処できる遺伝病はごく一部に限られる。

遺伝子に欠陥がある場合、これに代わって正常に働く遺伝子を体の細胞内に入れて正常な機能を働かせる治療法が、以下に述べるいわゆる遺伝子治療である。前述のフェニルケトン尿症や血友病に対する治療法は、遺伝病の治療とはいえ、遺伝子治療とは呼ばれない。遺伝病は多くの場合適切な治療法がないので、遺伝子治療への期待は大きいが、まだ緒についたばかりである。

遺伝子治療は、一九九〇年にアメリカの国立衛生研究所でアデノシンデアミナーゼ（ＡＤＡ）欠損症の患者に行われたのが最初で、アメリカでは一九九五年までに一〇〇件以上が認可されている。このなかには、ＡＤＡ欠損症のほか、血友病Ｂ、家族性高コレステロール血症、嚢胞性線維症などがある。がんでは悪性黒色腫、腎がん、脳腫瘍、肺がんなど、このほかにエイズが含まれている。

先に述べたように、アメリカで最初に行われたのはＡＤＡ欠損症の治療であるが、この遺伝病ではリンパ球にあるＡＤＡという酵素が産生されないため、2-デオキシアデノシン三リン酸が蓄積し、その毒性によって細胞は死滅する。免疫不全の状態になるので、多くは一歳前後で死亡する。

この病気の治療のためには、患者からリンパ球を取り出してこれにＡＤＡ遺伝子を導入し（レトロウイルスベクターを使用。ウイルスの毒性は除いてある）、この細胞を患者に戻して正常な機能をもった酵素を供給するのである。北海道大学でも、一九九五年からアメリカで実施された方法に準じ、アメリカから取り寄せたベクターを用い、ＡＤＡ欠損の男児に治療が行われ、一応の成果を修めた。現在、

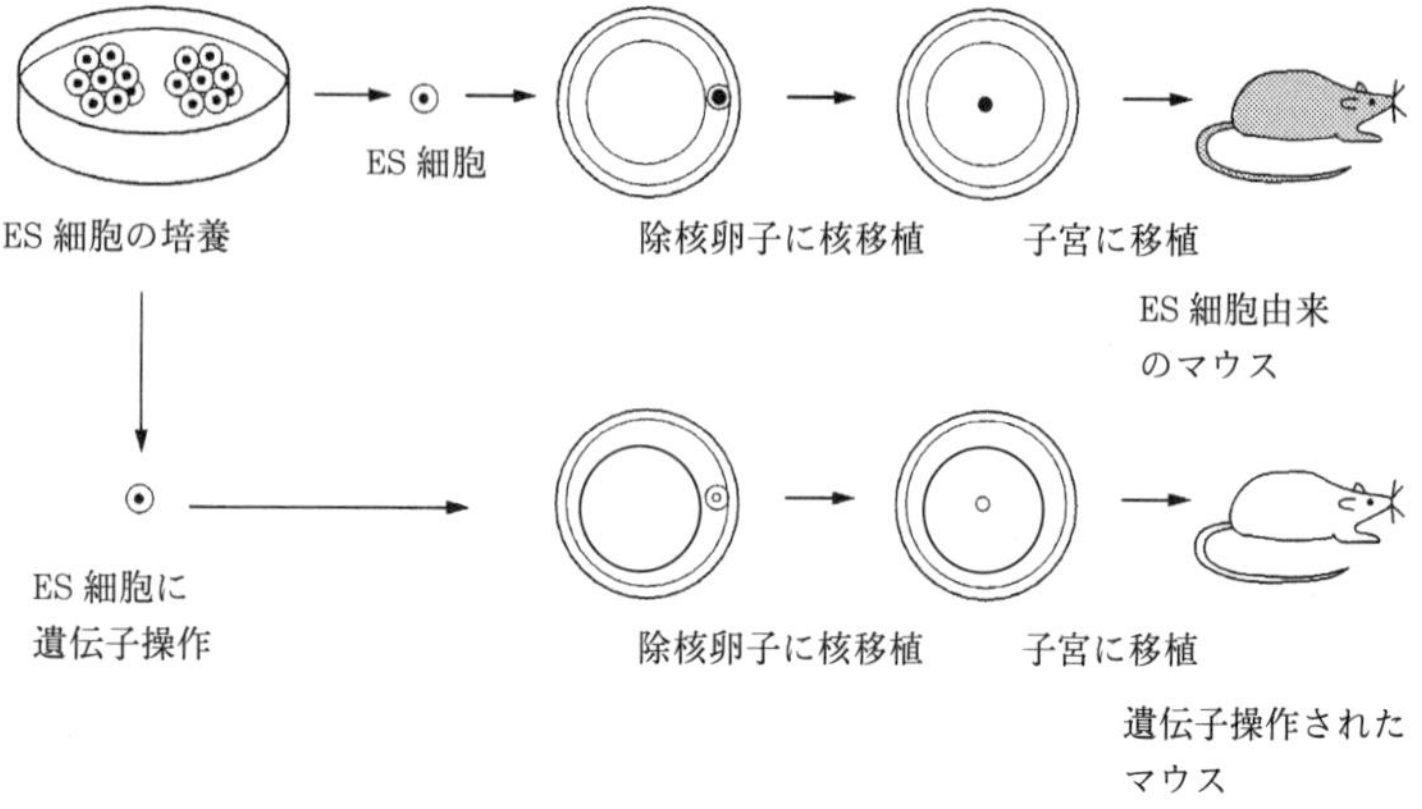

図 5•2 ES 細胞からのクローンマウスの作出

遺伝子治療が成功しているとされるのは、このＡＤＡ欠損症のみである。この場合、遺伝子の導入を確認することが可能で、さらにこの遺伝子はごくわずか発現するだけでも治療効果が現れたが、リンパ球には寿命があるので絶えず治療を続けなければならないことは問題である。

がんに対する遺伝子治療では、悪性黒色腫（メラノーマ）に対する免疫療法が行われている。患者のリンパ球を取り出して、これに腫瘍壊死因子（ＴＮＦ）遺伝子を導入し、同じ患者に戻してがん細胞を消滅させることを意図しているが、がん細胞への到達効率が悪いためか、今のところ十分な成果は得られていない。

現在行われている遺伝子治療は体細胞に対するもので、治療が成功した場合の効果はその患者一代限りであって、次世代に及ぶものではない。生殖細胞を操作した場合の効果を期待する意見もあるが、この場合は遺伝的影響が次世代以降に及ぶので、生殖細胞を対象とする治療についての研究は各国とも禁じている。

臓器移植の節で述べたＥＳ細胞を、遺伝子治療へ応用

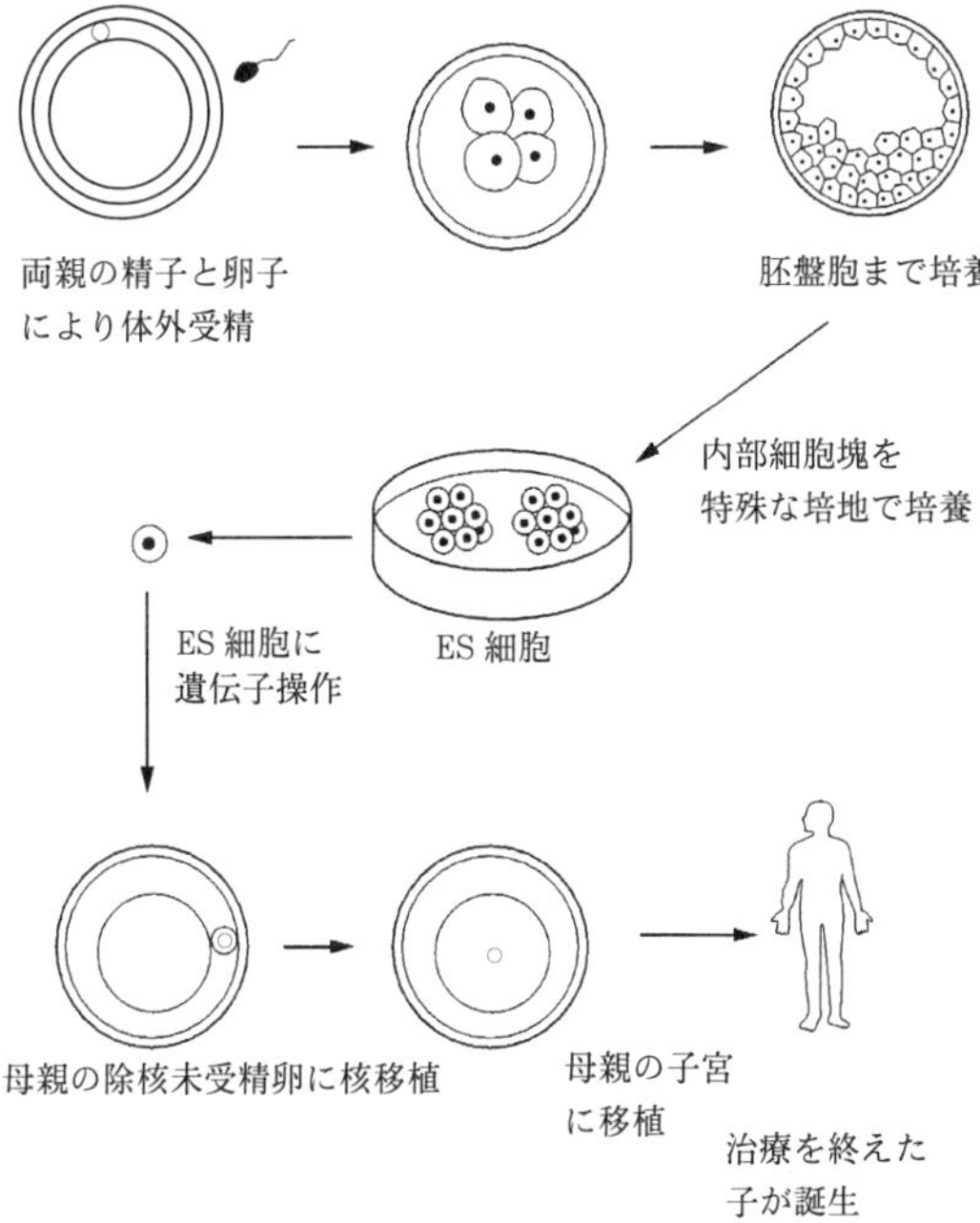

図５•３　ES 細胞を利用した遺伝子治療

する場合はどうであろうか。アメリカで、若山と柳町の研究グループは二〇〇〇年二月、マウスのＥＳ細胞から取り出した核をあらかじめ核を除いたマウスの卵子に入れ、これを借り腹の雌の子宮に移植してクローンマウスを得ることに成功し、特定の遺伝子を組み込んだＥＳ細胞からもクローンを得ることができた（図５•２）。第四章５で述べたように、ＥＳ細胞では遺伝子の導入を容易に行え、特定の遺伝子の機能を破壊したり、別の遺伝子と入れ換えたりすることもできるから、ＥＳ細胞は遺伝子組換え動物をつくるのに極めて有利である。若山らの方法では、遺伝子を組み換えたＥＳ細胞から直接個体をつくれることを示した点でも注目された。

この技術を応用すると、遺伝病をもつ夫婦間で、体外受精による胚からＥＳ細胞をつくり、細胞内の異常な遺伝子を正常な遺伝子と取り換えることにより、遺伝病をもたない子を得ることも可能になるであろう（図５・３）。ただし、生殖細胞を操作することから現時点では認められない技術である（第六章２）。

第六章　クローン技術の倫理的課題

――新しい技術に対しては新しい倫理が求められる

植物のクローン技術では、第三章で述べたように、組織・細胞培養によるウイルスフリー植物の作出、種苗の大量増殖、あるいは細胞融合による有用植物の作出などが試みられている。これらのクローン技術では、作出された植物に外来の遺伝子が導入されることがないので、つくられた植物は食品としても安全とされ、倫理が問題になったことはない。本章1では、遺伝子組換え技術を利用して作出された植物について、食品としての安全性など遺伝子操作にかかわる倫理的課題について述べる。組換え技術を利用した医薬品などの生産も試みられているが、これらは今のところ倫理上の問題になっていない。

動物のクローン技術では、第四章あるいは第五章で述べたように、一卵性多子生産や核移植による動物生産や医薬品の生産などが試みられている。これらの生産での倫理的な問題は少ないと考えられるので、本章2では、動物で得られたクローン技術を医療へ応用した場合の倫理的課題について述べることにしたい。

1. 遺伝子組換え食品の安全性を考える

遺伝子組換え食品とは

遺伝子組換え食品とは、外部から遺伝子が組み込まれて有用形質をもつようになった作物と、その作物を原料にしてつくられた加工品を指している。

日本でも一九九六年一一月頃からは、ダイズ、ナタネ、トウモロコシ、ジャガイモ（ジャガイモについては加工品のみ）の四作物（その後、ワタ、テンサイの二作物。テンサイは加工品のみ）が輸入されているが、これらは除草剤耐性または害虫抵抗性の作物で、いずれも遺伝子組換え食品である。これらの作物は、厚生大臣（現厚生労働大臣）の諮問機関である食品衛生調査会が安全性評価指針に沿って書類審査を行い、指針適合の答申が得られたため輸入が認められたのである。

日本の食糧自給率は極めて低く、ダイズ、ナタネ、トウモロコシはそのほとんどを輸入に頼っているのが現状である。ダイズはアメリカ、中国、ブラジルなどから、ナタネはカナダなどから、トウモロコシはアメリカなどから輸入している。各生産国での遺伝子組換え作物の作付割合は、輸入当初に比べその後いずれも急増しており、現在輸入されているこれらの作物のかなりの部分が組換え作物によって占められていると考えてよいであろう。二〇〇一年現在アメリカでは、ダイズの約七〇％、トウモロコシの二六％が組換え品種であるという。

ダイズは食用油、豆腐、みそ、しょう油など、トウモロコシは食用油、コーンスターチ、コーンフレークなど、ナタネは食用油として用いられているので、大多数の日本人が何らかの形で遺伝子組換え食品を口にしていることになる。ジャガイモは、植物防疫法によって生のジャガイモの輸入が禁止（日本にいない病害虫の侵入防止のため）されているため、冷凍した加工品がアメリカから輸入され、フライドポテトなどに用いられている。一九九四年にアメリカで、遺伝子組換え食品第一号として商品化された日持ち性向上トマト（フレーバー・セーバー）については、キリンビールがこれを母本とした国内向けの新品種の開発を進めていたが、現在は中止されている。食品として厚生省（現厚生労働省）の安全性評価を終えた作物の中で、キリンビールの日持ち性向上トマトとモンサント社の除草剤耐性のダイズ、ナタネ、トウモロコシについては、国内栽培の許可も得られている。

現在は輸入されていないが、遺伝子組換え食品として開発されている作物には他にウイルス抵抗性の作物があり、アメリカではウイルス抵抗性のパパイヤが商品化されている。日本国内で、今までに開発された遺伝子組換え作物の大部分はウイルス抵抗性の作物であって、イネ、トマト、メロンなどで商品化が認可されているが、実用化に向けた栽培はまだ行われていない。

安全性はどのようにして評価されるか

企業や研究機関が開発した遺伝子組換え植物を実用化するまでには、五段階の安全性評価実験を経なければならない。第一段階では実験室・隔離温室（閉鎖系）で、第二段階では一般の温室（非閉鎖系）で安全性が調べられる。ここまでは科学技術庁（現文部科学省）の「組換えＤＮＡ実験指針」に基づいて行われるが、これらの段階では、導入した遺伝子が確実に後世代に安定して伝わるか、有害物質をつくらないか、組換え植物が生態的にどんな特性をもっているかなどの点が調べられる。第三段階では隔離圃場、第四段階では一般圃場で、組換え植物が生態系に与える影響に関する特性を中心に調べられるが、これらの段階での安全性は農林水産省の「農林水産分野等における組換え体の利用のための指針」に基づいて評価される。

遺伝子組換え植物が食品の場合には、さらに厚生省が食品としての安全性を評価することになる。これは厚生省が一九九六年に公表した「組換えＤＮＡ技術応用食品・食品添加物の安全性評価指針」に基づいて行われる。ここでは、元の植物と遺伝子組換え植物との間で、栄養素に違いがないか比較を行い、遺伝子産物を人工の胃液や腸液などで処理して反応をみたり、アレルギー誘発性がないかどうかも調べる。また、遺伝子組換え植物が飼料の場合には、農林水産省が飼料としての安全性も評価する。

各国は国際的調和を図りながら安全性評価の指針を定めているが、日本国外で作出され輸入される遺伝子組換え植物については、改めて日本の指針に基づいた安全性の確認が行われる。

食品としての安全性はどうか

先に述べた厚生省による遺伝子組換え食品の安全性評価は、厚生大臣の諮問機関である食品衛生調査会が行う。調査会が組換え食品そのものを調べるのではなく、開発した企業から提出された申請書類を安全性評価指針に基づいて審査するのである。法律で義務づけられた審査ではないが、無審査で流通している食品はないとされる。しかし、安全性が確認されていない食品が流通するのを防ぐため、

表6･1　厚生省（現 厚生労働省）が安全性を確認している遺伝子組換え食品（2000年3月現在）

農作物	性　質	開発者（開発国）
ダイズ	除草剤耐性	モンサント社(アメリカ)
ナタネ	除草剤耐性（13品目）	モンサント社(アメリカ) アグレボ社(カナダ) プラント・ジェネティック・システムズ社(カナダ，ベルギー) ローヌ・プーラン油化アグロ社(カナダ)
ジャガイモ	害虫抵抗性（2品目）	モンサント社(アメリカ)
トウモロコシ	害虫抵抗性（3品目）	ノースラップキング社(アメリカ) チバシード社(アメリカ) モンサント社(アメリカ)
	除草剤耐性（4品目）	モンサント社(アメリカ) アグレボ社(アメリカ) デカルブ社(アメリカ)
ワタ	害虫抵抗性	モンサント社(アメリカ)
	除草剤耐性（2品目）	モンサント社(アメリカ) カルジーン社(アメリカ)
	害虫抵抗性 除草剤耐性	カルジーン社(アメリカ)
トマト	日持ち性向上	カルジーン社(アメリカ)
テンサイ	除草剤耐性	ヘキスト・シェーリング・アグレボ社(ドイツ)

（注）生のジャガイモとテンサイは，植物防疫法によって輸入が禁止されているので，加工食品としてのみ輸入されている．

厚生省は二〇〇一年四月から、遺伝子組換え食品を輸入または生産する業者に安全性確認を法律で義務づけた。

厚生省が二〇〇〇年三月現在までに安全性を確認した遺伝子組換え食品は表6・1に示す二九品目である。これらの遺伝子組換え作物の食品としての安全性に関しては、以下のように考えられている。

日持ち性を向上させたトマト（商品名フレーバー・セーバー）には、異種の生物の遺伝子が組み込まれていない。ポリガラクツロナーゼという酵素遺伝子だけを、アンチセンスRNAという人工の遺伝子によって抑制して日持ち性を向上したのである。もとからある遺伝子の働きが止められているだけで、新しくタンパク質がつくられるわけではないので、安全性に問題はない。

現在日本に輸入されているダイズの除草剤耐性作物には、アメリカのモンサント社が開発したラウンドアップ耐性ダイズがある。ラウンドアップの除草効果はグリホサートという成分によるが、この成分が植物のアミノ酸合成に必要な5-エノールピルビルシキミ酸-3-リン酸合成酵素（EPSP合成酵素）の働きを失わせるため植物は枯死する。グリホサートの影響を受けずに働く合成酵素遺伝子をアグロバクテリウムという土壌細菌から取り出して、これをダイズに組み込むことによって、ラウンドアップ耐性ダイズがつくられたのである。耐性ナタネも生産されているが、ラウンドアップを空中散布するだけで遺伝子を組み換えたダイズやナタネは枯れず雑草だけが枯れるので、大幅な省力化につながる。また薬剤の散布回数や使用量も減らすことができた。除草剤耐性作物については、自然の生態系に及ぼす影響がとくに懸念されているので、稿を改めて述べることにする。

日持ち性を向上させたトマトと除草剤耐性の作物のほかに、現在輸入されている遺伝子組換え作物には害虫抵抗性の作物がある。モンサント社で開発された害虫抵抗性のジャガイモ、トウモロコシ、ワタにはバチルス・チューリンゲンシスと呼ばれる細菌がつくるタンパク質（Btタンパク質）の遺伝子が組み込まれている。現在日本に輸入されているトウモロコシに導入されている遺伝子がつくるBtタンパク質は、チョウやガなどの鱗翅目の幼虫に対しては毒性が強いが、ヒトを含む哺乳動物に対しては無毒である。鱗翅目の幼虫に対して毒性が強いのは、これら幼虫の消化液がアルカリ性で、タンパク質分解酵素（プロテアーゼ）に富んでいるためである。Btタンパク質はアルカリ性の消化液に溶かされ、さらにプロテアーゼによって部分的に消化されて毒性のある分子量の小さいタンパク質になり、これが中腸上皮細胞にあるレセプター（受容体）に結合し、細胞膜に作用して細胞を破壊し、幼虫を死なせるのである。この殺虫性は、幼虫の消化液がアルカリ性であることと、幼虫の中腸にBtタンパク質に対する受容体が存在していることによるので、消化液が酸性で、Btタンパク質に対する受容体をもたないヒトに対して毒性は発揮されない。また、Btタンパク質は加熱によって容易に活性を失う。

Btタンパク質がアレルゲン（アレルギーを起こす原因物質）にならないかどうかも検討されているが、化学構造から推定（既知アレルゲンとの構造比較）した結果では、アレルゲンになる可能性は否定されている。人工消化液によって分解されにくいタンパク質がアレルゲンになるのかどうかは不明だが、一般的に、アレルゲンになるタンパク質は消化液に分解されにくいことが明らかになっている。今までに遺伝子組換え作物に導入された遺伝子によってつくられるタンパク質は、Btタンパク質を含め、いずれも人工消化液によって容易に分解されるので、これらのタンパク質がアレルゲンになる可能性は低いと考えられているが、アレルゲンに関してはまだ解明されていないことが多々あるので、今後より慎重な検討が必要である。

以上に述べた日持ち性を向上させたトマト、除草剤耐性の作物、害虫抵抗性の作物のいずれの場合にも、遺伝子組換え作物を選抜するためのマーカー遺伝子（第三章6）として、カナマイシン耐性遺伝子などの抗生物質耐性遺伝子が使われているが、このようなマーカー遺伝子を含む食品を摂取した場合の危険性が指摘されている。抗生物質耐性遺伝子によってつくられる抗生物質不活化酵素により、抗生物質が効かない体になるのではないかという不安である。現在のところ、抗生物質耐性遺伝子が作物から微生物へ移行するという知見はなく、遺伝子の産物である不活化酵素は消化液によって短時間で分解されることから、抗生物質耐性遺伝子が腸内細菌に影響を与えることはないと考えられている。カナマイシン耐性遺伝子の安全性については、日持ち性を向上させたトマトの商品化にあたり、アメリカで長期にわたる厳密な試験が行われた経緯がある。

ここまで、抗生物質耐性遺伝子やBtタンパク質遺伝子が作物に導入された場合の遺伝子産物の安全性を問題にしてきたが、これらの導入遺伝子そのものや、除草剤耐性の作物などに導入された導入遺伝子そのものの安全性はどうであろうか。この場合も、導入遺伝子は消化によってそのほとんどが分解されるが、万一不活化されなかった遺伝子があったとしても、これがヒトの細胞内に取り込まれて、遺伝子としての機能を発揮する可能性は考えられないとされている。

導入遺伝子が生態系へ与える影響はどうか

遺伝子組換え作物では、これを原料とした加工品が食品として安全かどうかの問題のほかに、その作物自体が自然の生態系を攪乱することがないかどうかも、安全性評価の重要な課題である。遺伝子組換え作物が自然生態系に与える危険性としては、組換え作物が野生化することによる導入遺伝子の拡散と、花粉による導入遺伝子の近縁植物への拡散などが考えられている。

一つ目の危険性は、組換え作物が野生化して生態系へ影響を与える問題である。人類の長い歴史の中では、栽培作物が野生種になったり、逆に野生種が作物になった例があり、ハマダイコンは栽培作物のダイコンが野生種になった前者の例、ミツバやフキは野生種が作物になった後者の例である。栽培作物は、自然状態とは異なる人為的環境で育てられているものが多いので、栽培作物が野生化する機会は極めて少ないと考えられるが、作物が野生化した例がまったくないわけではないから、遺伝子組換え作物が野生化する可能性も皆無とはいえない。

欧米でも作物の野生化については古くから研究されている。コムギやトウモロコシなどの作物は長年栽培されているにもかかわらず野生化した例はないが、かつて国外からもち込まれた食用または飼料用の作物には野生化しているものが多々あるという。しかし、どのような作物が野生化するかの予測は困難で、野生化までに一〇〇年以上要したものもある。

遺伝子が特定の作物に導入されたために、その作物がより野生化するかどうかも調べられているものの、まだ結論は出ていない。野生化にはいくつもの遺伝子がからんでいて、一つや二つの遺伝子が導入されてもそのために野生化することはないという見解もあるが、広く認められているわけではない。

二つ目の危険性は、作物に導入されている遺伝子が近縁の野生種に取り込まれて、その野生種が生態系に影響を与える問題である。栽培作物の花粉を通して作物の遺伝子が近縁種へ伝えられる例が知られているから、遺伝子組換え作物に導入された遺伝子が近縁の野生種へ拡散していく危険性についても十分に検討する必要がある。

現在、日本に輸入されている遺伝子組換え作物のダイズ、ナタネ、トウモロコシなどは、いずれも食品として使われている。それらは国内で栽培されていないが、栽培そのものは認められているので、実施された場合には遺伝子拡散の危険性が問題になってくる。危険性が指摘されているのはナタネとダイズである。ナタネではアブラナ科の雑草などが、ダイズではその野生種であるツルマメがあるからである。ナタネ、ダイズとも自然交雑率が低く、これらが雑草と交雑する可能性は極めて低いとされているが、まだ明確な結論は得られていない。しかし外国では、遺伝子組換えナタネの除草剤耐性遺伝子が近縁の雑草に取り込まれた例が報告されており、慎重な検討が必要である。トウモロコシでは、原産地のアメリカでもその野生種が存在しないので、遺伝子拡散の危険性はないとされる。

トウモロコシのほかにダイズを含め、これらの作物と交雑できる野生種が存在しないアメリカでは、作物に導入された遺伝子が生態系に影響を与える可能性はまったくないと考えられている。しかし、他の経済的に重要な多くの作物に、交雑可能な近縁の野生種があるから、これらの作物に導入された遺伝子が野生種に取り込まれるかどうかは重要な問題であるが、十分論議できるだけの科学的なデータが得られていないという。

遺伝子組換え作物が自然の生態系に影響を与えるのかどうか、その危険性について正確な評価をするには、長期にわたるデータの蓄積が必要なのである。

現在日本には輸入されていないが、生態系への影響が危惧される遺伝子組換え作物には、ウイルスの外被タンパク質遺伝子を導入してつくられたウイルス抵抗性の作物がある。このような作物が自然感染した場合、感染したウイルスよりも病原性が強い、あるいは宿主範囲が広い、新しいウイルスの系統が出現する可能性のあることが心配されている。しかし、自然界では作物が複数のウイルスに重複感染する場合がしばしばあり、この場合にも同じような現象が観察されているので、とくにウイルス抵抗性の作物を危険視する理由はないであろう。

安全性に疑問を投げかけた二つの事件

一九九八年八月、イギリスのロウエット研究所の研究者が、レクチンという殺虫効果をもつ植物タンパク質の遺伝子を組み込んだジャガイモをラットに食べさせたところ、ラットの免疫機能が低下したという実験結果をテレビで公表したため、これがきっかけとなってイギリス国内で遺伝子組換え食品排除の動きが活発となった。その後設置されたイギリスの調査委員会は、「研究者から提出された実験データからはラットの免疫機能に影響があるとの結論は得られない。実験は予備的なもので、使われた遺伝子を入れたジャガイモが商品化される計画はない」という趣旨の報告書を発表した。この研究者は発表後停職処分を受け、その後職を解かれたという。

翌年の一九九九年五月には、アメリカのコーネル大学の研究者から、Btタンパク質遺伝子を導入したトウモロコシの花粉をまぶした雑草を食べたオオカバマダラの幼虫が死んだり成長が阻害されるなどした、という論文が発表された。オオカバマダラは作物に害を与えないチョウとされているため、世界のマスコミが騒いだ。その後研究者は、自然の状態でトウモロコシの花粉が雑草の葉に大量にふりかかることは考えにくく、実験の結果がオオカバマダラの減少に直接つながるわけではない、と述べている。

イギリスでの遺伝子組換えジャガイモについてのテレビ発言で高まった組換え食品排除の動きは、アメリカでの遺伝子組換えトウモロコシの論文発表でさらに高まることとなった。大きな政治問題となり、欧州連合（EU）一一か国が遺伝子組換え食品の新たな認可を停止すると表明したため、最大の輸出国アメリカが反発し、組換え食品の安全性をめぐるアメリカとEUの対立が激化したのである。

イギリスでの発言者は免職となり、アメリカでの論文発表者は実験データの解釈に行きすぎがあったことを認めているが、これらの研究者をめぐる「事件」落着までの細かい事情は明らかでない。いずれにしても、組換え食品を危険だとするこれら研究者の論拠には、周辺の科学者を十分に納得させるだけのものがなかったということができよう。

遺伝子組換え作物のメリットは何か

これまでにつくられた遺伝子組換え作物の大半は、ウイルス抵抗性、害虫抵抗性、除草剤耐性など、作物の病害虫あるいは除草剤に対して抵抗性や耐性を付与したものである。

従来、植物の病害や害虫を防除するために、化学合成したいわゆる化学農薬が用いられてきたが、化学農薬は自然環境を汚染するため、病害に対しては病原菌に対する拮抗微生物やその生産物を、害虫に対してはその天敵や病原微生物そのものを農薬として用いる方法が検討されており、これらの農薬をバイオ農薬と呼んでいる。バイオ農薬は人畜に無害で、生態系を破壊したり公害を引き起こす可能性が少ないので、その開発が進められている。しかし今のところ、化学農薬のように迅速で的確な効果は得られていない。バイオ農薬が効く病害虫の種類も限られているため、やはり化学農薬を主体にした防除に頼らざるをえないのが現状である。

現在栽培されている作物は、いずれも人の手で改良が繰り返されてきたので、元の野生植物とはまったく異なった姿になっている。元の野生植物は自己防衛のために殺虫力や殺菌力をもった毒性物質を含んでいたが、これらが長い年月をかけて毒性のない食用作物に改良されてきた結果、現在の作物は自然の外敵に対する抵抗力が弱く、農薬の助けを借りないと満足に育てることができないのである。このような状況のもとで、化学農薬で環境を汚染することなく病害虫を防除する効果的な手段として、遺伝子組換え作物の開発に寄せられる期待は極めて大きいということができよう。病害虫抵抗性や除草剤耐性などの作物を利用すると、農薬の量を大幅に減らして環境に対する負荷を減少させられるが、同時に生産者（農家）の労働も大幅に減らすことができるのである。

遺伝子組換えでは、かつて野生植物から除いた殺虫力や殺菌力をもつ物質を再び作物に導入することになるが、現在の科学的知見に基づいて安全性が高いと判断された物質の遺伝子が導入されるのである。現在のところ、本来植物にはない遺伝子が導入されているが、植物のゲノム解析が進んで植物の遺伝子の機能が明らかになると、必要な機能をもった植物在来の遺伝子を導入できるようになるであろう。また、第二章5で述べたように、地球上に存在する多種多様の生物は共通の祖先から変化して現在の姿になったと考えられており、それらの生物の間では同じ遺伝暗号が使われているので、植物に他の生物の遺伝子が導入されることはそれほど不自然に感じられないであろう。

遺伝子の組換え自体、細菌からヒトまで普遍的にみられる自然の現象である。ヒトでも卵子と精子ができる減数分裂のときに、両親由来の相同染色体（第二章3）の間で交叉（部分交換の現象）が起こるので、両親になかった遺伝子の配列をもった染色体が形成されるが、この過程は遺伝的組換えと呼ばれている。これまで、遺伝子組換え技術による人工的なＤＮＡの組換えばかりを述べてきたが、もともと遺伝子の組換えは自然界でごく普通に行われているのである。遺伝子組換え作物をつくる場合の方法については第三章6で説明したが、この方法も、根頭がんしゅ病菌（植物病原細菌）が植物に感染した場合に行われている、病原細菌による植物の遺伝子組換えの現象をそのまま利用したものであって、いわば自然から学んだ方法であるといえよう。根頭がんしゅ病菌が植物に感染した場合には、病原細菌の遺伝子が植物の染色体に組み込まれるが、これは自然の現象なのである。

日本は温度と湿度が高いため病害虫の発生や農薬の使用量が欧米に比べて多いが、南方の発展途上国での病害虫による被害はさらに深刻である。病害虫抵抗性作物は本来途上国でこそ役立つと考えられるが（多様な生物種への影響についての十分な検討が必要）、耐乾燥性、耐高温性、耐塩性などの作物ができれば、このほかの耕地に恵まれない地域にも大きなメリットをもたらすであろう。砂漠の緑化も地球温暖化防止につながるだけでなく、食糧生産の場を広げる有効な手段となるのである。

先進諸国での組換え技術の開発が途上国の人々の搾取（遺伝子資源とその生物特許をめぐって）につな

がるという指摘や、組換え技術が「飢餓を救う技術」とはならず経済的な南北格差を広げるだけだとする冷めた見方もあるが、これらの批判は、科学的な根拠に基づいてこれまでに述べてきた組換え技術についての価値判断とはまた別の問題である。

今までに日本で実用化されている遺伝子組換え作物は、生産者にメリットをもたらすものの、一般の消費者にはメリットが感じられないものばかりであったが、これからは消費者にメリットをもたらす組換え作物が開発されるようになるという。アメリカでは、コレステロールを下げる高オレイン酸ダイズが商品化されているが、高タンパク、高ビタミンなどの付加価値を高めた作物の開発に対する期待も高まっている。このように、消費者にメリットが感じられる作物が開発されることで、消費者の遺伝子組換え作物に対する意識も変化するのではないだろうか。

遺伝子組換え作物については、マイナス面ばかりでなく、プラス面も考慮した正当な評価が必要である。

安全性をどう考えるか

前にも述べたように、現在の作物は、長い年月の中で改良を重ね、元の野生植物から毒性の物質を除いてきたが、現在の栽培作物のかなりのものに、農薬と同様の殺虫・殺菌作用をもつ化合物や発がん性物質が含まれていることが示されている。自然物が安全とは言い切れない。急性毒性がなくても長期間摂取で慢性毒性を示すものもあるから、摂取量を考えれば、まったく安全な作物（食品）はないのである。

遺伝子組換え作物の食品としての安全性評価はすでに述べたとおりであるが、組換え前の作物にも多かれ少なかれ有毒な成分が含まれていることが多いので、安全性評価ではこのような有毒成分を含め、組換え後の作物が組換え前のものと比較してその栄養素や形態などに違いがないかどうか、つまり実質的に同等かどうかが調べられるのである。新しい遺伝子が入ることによって、これまでにあった遺伝子の働きに変化が起き、つくられるタンパク質に違いが起こるようなことがなければ、「実質的同等性」が認められ、安全性への懸念は問題ないという考え方である。あとは、導入した遺伝子自体がつくるタンパク質が、安全で、アレルギーを誘発することがないかどうかの確認が必要となる。

「実質的同等性」の考え方はＯＥＣＤ（経済協力開発機構）によって策定され、各国とも基本的にはこの考え方に基づいて安全性の評価を行っている。この「実質的同等性」の考え方は、環境に対する安全性評価にも適用されるので、近縁種との交雑性、雑草性などについても、組換え作物と組換え前の作物の間で比較されることになる。

現在日本で流通している遺伝子組換え作物は、いずれもこのような安全性の確認がされているが、万全ではない。まったく安全な作物（食品）はないと先に述べたが、このような作物からつくられた遺伝子組換え作物についても、長期に摂取した場合の安全性やアレルギー誘発性にかかわる安全性などを科学的に保証することは不可能だからである。組換え作物が生態系に与える影響についても、その安全性の評価のためには、今後の長期にわたる科学的データの蓄積が必要であるとされている。

現在の科学の水準では、遺伝子組換え作物のリスクの大きさを予測するのは難しい。社会全体にもたらすメリットとのバランスを考慮したうえで、その実用化が進められることになるであろう。このようにしてつくられた組換え作物が、人の健康や環境を損なうことなく、安価で安定した食品供給に貢献できることが期待されているのである。実用化されたあとも、安全性に問題が生じないよう監視の目を光らせながら進めていく必要があることはいうまでもない。

遺伝子組換え食品の表示

一九九六年から遺伝子組換え食品が輸入されているが、安全性に疑問をもつ消費者団体は、遺伝子組換え食品の禁止、または少なくとも組換え食品を見分けられるような表示の義務づけを求めてきた。遺伝子組換え食品の安全性を認めた厚生省は、「安全性を確認したものに表示する必要はない」という方針をとってきたが、農林水産省は消費者団体の要望を受け、消費者、生産・流通関係者、学識経験者からなる食品表示問題懇談会を発足させた。一九九九年八月、懇談会の遺伝子組換え食品部会は、表示の義務化を求める最終的な表示案をまとめている。

表示をめぐる海外の動きはどうだろうか。アメリカでは、栄養成分に大きな変化があるとか、アレルゲンが存在するなどの場合以外、表示を行う義務はないとしている。主に除草剤耐性ナタネを開発してきたカナダの規定はアメリカとほぼ同様である。欧州連合（EU）では、一九九六年に除草剤耐性ダイズと害虫抵抗性トウモロコシが認可されて流通しているが、一九九八年からは表示が義務づけられている。

前にも述べたように、イギリスでは遺伝子組換えジャガイモがラットの免疫機能を低下させたとするテレビ発言、またアメリカでは遺伝子組換えトウモロコシの花粉が生態系に悪い影響を与えたとする研究報告が相次ぎ、これらの問題がきっかけとなって、EUは一九九九年六月遺伝子組換え作物の新たな認可を当面凍結することを表明し、食品へのより明確なラベル表示の義務づけも求めた。これに対して、遺伝子組換え作物の最大輸出国であるアメリカは、EUが安全問題を口実に農産物輸入の制限を狙っていると反発して、この問題は政治・経済論争へと発展した。遺伝子組換え作物の世界最大の輸入国である日本での表示の義務化も、輸出国からは貿易障壁とみなされかねない状況であった。二〇〇一年七月になって、EUは遺伝子組換え作物を利用したすべての食品に表示を厳しく義務づける新制度を導入したうえで、遅くとも二〇〇三年から新規の認可手続きを始めることを決めている。

日本の農林水産省がまとめた表示案では、二〇〇一年四月から、ダイズやトウモロコシなどを原料とする食品について、その表示を製造業者や輸入業者に義務づけることにした。現在輸入されている遺伝子組換え作物のダイズ、トウモロコシ、ジャガイモ、ナタネ、ワタ（綿実油用）、テンサイにおいて、生食用ならすべてが表示対象となり、加工食品では豆腐、みそ、納豆、コーンスナック菓子など二四品目が義務表示の対象となって、「遺伝子組換え」か「遺伝子組換え不分別」という二種類の表示が義務づけられている。「不分別」は組換え作物が混じっている可能性がある場合で、現在流通している作物は遺伝子組換えしたものとそうでないものが区別されていないので、「不分別」に仕分けされる食品が多くなると考えられている。植物油や醬油などは、現在の科学的検査で遺伝子組換え食品かどうかを特定できないので、これらは原則として表示を義務づけられていない。日本が輸入しているダイズとトウモロコシの大半は、表示義務のない用途に使われることになる。遺伝子組換えでない食品には何も表示しなくてよいが、「非組換え」と表記してもよいことになっている。

アメリカでも、表示の必要はなくとも、安全性をめぐる議論は高まっている。二〇〇〇年二月の新聞は、アメリカの環境保護局（ＥＰＡ）が、遺伝子組換え作物の栽培認可基準の見直しに着手したことを伝えている。また、食品医薬品局（ＦＤＡ）も組換え食品の安全性試験の厳密化や表示の導入などを検討しているという。組換え食品の最大の輸出国であるアメリカが、日本とＥＵにおける組換え食品の表示義務化の動きに押された形である。

ところで、日本で組換え食品の表示義務化が決められてから、日本の食品業界は消費者の組換え食品に対する不安に過敏に反応し、非組換え食品への切替えを進めたので、商社各社が非組換えのダイズとトウモロコシの調達に動いている。そのため、アメリカ産の非組換えダイズは、二〇〇一年八月の時点で、日本国内での卸売価格が混入品に比べ約一割高くなった。これは分別流通などに余分な経費がかかるからで、このようなコスト増が食品メーカーの採算悪化の一因になっているという。

このような動きの中で、日本の民間企業が遺伝子組換え食品の研究を進める環境は厳しくなったといわれている。遺伝子組換え食品については、民間企業が研究開発に占める役割は大きいから、もし研究の停滞があるとすれば、日本の農業発展にとって悲しむべきことである。

2. クローン技術の医療への応用の是非を考える

クローン人間論争

イギリスのウィルムットらのクローン羊「ドリー」誕生のニュースが報じられたのは一九九七年二月のことで、もう五年が経過した。当時世界各国でクローン技術の是非をめぐって激しい論争が巻き起こったが、それは「ドリー」で用いられた技術によって、そう遠くない将来にクローン人間が誕生するのではないかと危惧されたからである。

一九七八年にアメリカで出版された『複製人間の誕生』というローヴィックの著書をめぐって、すでにクローニングにかかわる論争が起きていたが、そのような背景もあって、欧米ではクローン人間の誕生は研究者だけでなく一般の人々にとっても大きな関心事であった。科学者がひそかにいずれクローン人間を誕生させるのではないかと多くの人々が案じていたのである（ジーナ・コラータ。参考文献）。クローン羊誕生の衝撃は、日本に比べ欧米ではるかに大きいものであったに違いない。

しかし、ウィルムットらの研究の本来の目的は、特定のタンパク質（血液凝固因子など）をつくるヒトの遺伝子を組み込んだヒツジをつくり、ヒツジにそのタンパク質を含んだ乳を出させ、これを特定のタンパク質をつくれない患者（血友病などの患者）の治療に役立てることであった。このような考えに基づいてつくられたのが、「ドリー」に続いて誕生した「ポリー」である。ポリーの前には、マイクロインジェクション法（第四章5）によって遺伝子を導入したヒツジにα1アンチトリプシン（肺気腫の治療薬）を生産させることに成功しており、一九九一年に生まれたこのヒツジは「トレイシー」と名づけられている。乳の中に医薬物質を効率よく生産させることを目的とした彼らの一連の研究が「ドリー」の誕生につながったのである。世界のマスコミの関心は、ヒトのクローン作成につながる研究成果という点にしぼられたが、このような評価はウィルムットらにとって不本意であったに違いない。

「ドリー」誕生から五年経過した現在では、ヒトラーやマリリン・モンローとまったく同じ人間を複製することはできないという受取り方が一般化して、従来盛んだったクローン人間論争は沈静化してきている。

クローンといえば、一卵性双子は互いにクローンである。一卵性双子は同じ遺伝子型をもっているから互いによく似ているが、ほとんど同一の環境に育っていながら、周知のようにまったく別個の人格をもった存在となる。クローン人間がこの一卵性双子以上に似ることは考えられないというのが現在の一般的な認識である。まして特定のヒトのクローンがつくられた場合には、親子（というより歳の離れた双子）の間に年齢の差があるから、年齢差に基づくさまざまな意味での環境の違いによって、クローンとはいえ元の親とはかなり違った人格になるであろう。人間の表現型は遺伝子だけで決められるのではなく、物理的または社会的環境に影響される部分がかなり大きいのである。

また第四章4で述べたように、核移植によって生まれるクローンのミトコンドリア（ここにも遺伝子がある）は、核を供与したドナー細胞のそれではなく、未受精卵（レシピエント細胞）に由来するミトコンドリアによって占められることが明らかになっているから、ドナー細胞とレシピエント細胞を同じ個体からとらない限り、遺伝子型がまったく同じ完璧なクローンにならないことも念頭におく必要があろう。日本国内で数多く生まれているクローン牛は、このような意味ではいずれも完璧なクローンではない。しかし、ミトコンドリアがウシの表現形質にどのような影響を与えているのかはわかっていない。

クローン人間はつくれるのか

ウィルムットらが使った核移植の操作自体はそれほど複雑でない。ヒトはヒツジやウシなどの家畜に比べて繁殖能力が高く、体外受精などもヒツジやウシなどの家畜よりもヒトで先に成功しているので、ヒツジやウシで成功した技術をヒトに応用した場合には、成功する可能性が高いと考えられている。

核移植には第四章4で述べたように、受精卵を用いた方法と体細胞を用いた方法とがある。受精卵を用いた核移植によって生まれる子は親のコピーではなく、生まれる子同士がクローンである。家畜の場合、受精卵を用いた核移植の成功率は体細胞のそれに比べて高いので、受精卵を用いた核移植によってヒトのクローンがつくられる可能性はかなり高いと考えられている。しかし、受精卵を用いたこの方法では、どのような形質をもったクローンがつくられるのか前もって知ることができないから、実在している特定のヒトのクローンをつくりたい場合には体細胞を用いた核移植が必要になる。

体細胞を用いた核移植の場合は、二七七個の卵子を使ってたった一頭の「ドリー」が生まれたウィルムットらの実験結果から判断すると、一人のクローン人間をつくるために何百というヒトの未受精卵が必要になり、そのうえ多くの胚や胎児の犠牲を覚悟しなければならないことになる。

しかし、アメリカのプリンストン大学のシルヴァーは、その著書（参考文献）の中で次のように述べている。「ドリーについての解説記事の多くが、二七七個の卵子を使ってただ一つだけが成功したにすぎないと強調し、その他のヒツジは死んだり奇形で生まれたような誤解を与える書き方をしている。二七七個は融合させた細胞の数であって、融合した細胞のうち胚までに発生した二九個を一三頭のヒツジの子宮へ一～三個ずつ移植したら一頭が妊娠して「ドリー」が生まれたということで、この成功率は体外受精の初期段階での成功率よりも高い。また、クローンで生まれてくる子が、通常の自然な妊娠で生まれてくる子よりも、遺伝的な問題をもつ可能性が高いという科学的な根拠もない……」。体細胞を用いた核移植の技術の安全性が近い将来飛躍的に高まることもありうるであろう。

一九九八年一二月韓国の不妊治療チームが、体外受精で使用されなかった卵子の提供を受け、除核した卵子に同じ女性の卵丘細胞（体細胞）をドナー細胞として核移植を行い、四細胞期まで発生させたことが明らかになって国内外から非難を浴びた。このような胚を子宮へ移植した場合、クローン人間が生まれる可能性は否定できない。

二〇〇〇年一月には中国の研究グループが、体外受精で使用されなかった卵子の核を除き、これに外科手術で切除された組織からとった細胞をドナー細胞として核移植を行い、クローン胚を得ることに成功したという。クローン胚からのＥＳ細胞の作成を目的としているが、この研究もクローン人間の作成につながりかねない事例である。

日本では、ヒトの体細胞の核移植を禁じているのでこのような実験は行われていないが、韓国や中国での実験は、クローン人間がつくられる可能性の高いことを示している。最近の新聞報道によると、アメリカのケンタッキー大学教授がイタリアの不妊治療医などと協力して、不妊治療を目的にクローン人間をつくることを明らかにした。また、カナダでも新興教団が、子供を亡くした両親の依頼により子供のクローンをつくる計画をしているという。クローン人間作成は倫理的に許されないとする考えが世間一般の通念であるが、各国はクローン技術に対してどのような対応をとっているのだろうか。

クローン技術に対する各国の対応

一九七八年七月、イギリスで世界初の体外受精児（試験管ベビー）が誕生したが、やがてこの体外受精技術が不妊治療の一手段として実用化されるようになった。一九九七年までにこの技術によって生まれた体外受精児は世界中で数十万人あるいは一〇〇万人近くに達するといわれるが、この技術は現在もなお一層の基礎研究が必要な段階にあるという。欧米では、この治療が行われた当初から余った受精卵の実験的取扱いの是非が検討され、イギリス、ドイツ、フランスでは「ドリー」の誕生以前に、この種の実験が法的に規制されている。

イギリスでは、一九九〇年に公布された法律によってヒトの受精卵を何らかの実験に使うことが禁止されているが、未受精卵への核移植によるヒトのクローン作成も同法律によって禁止されることが、「ドリー」誕生後の一九九七年に確認されている。

ドイツでは、一九九〇年に成立した胚保護法がこの時点でヒトのクローン作成を禁止している。

フランスでは、一九九四年に公布された生命倫理法によってヒトの受精卵を用いた実験が禁止されているが、「ドリー」誕生後の一九九七年に、シラク大統領は国家倫理諮問委員会に対して、ヒトのクローン作成の問題点について諮問した。二か月後に出された答申では、ヒトのクローン作成は倫理的に許されないが、現行の生命倫理法でもヒトのクローン作成は禁止と解釈できるとしている。

アメリカでは、「ドリー」誕生の直後にクリントン大統領が、国家生命倫理諮問委員会にクローン技術のヒトへの応用の是非について諮問するとともに、とりあえず連邦政府資金によるヒトのクローン作成の研究を当面の間禁止（モラトリアムという）することにした。一九九七年六月に答申を受けた大統領は、直ちにクローン技術をヒトに応用する研究を五年間禁止し、違反者には二五万ドルの罰金を課すことを定めた法案を議会へ提出した。五年後に見直す時限立法で、ヒトの細胞を利用したクローン技術の基礎研究や動物のクローン作成などは容認するよう求めている。生命科学の研究は政府資金に依存する割合が大きいから、アメリカでの生命科学研究の約八割はこれにより規制されるが、民間の研究は縛られないという。

日本では、一九九七年三月に科学技術会議（現総合科学技術会議）の政策委員会が、ヒトのクローン研究には「当面、政府資金の配分をさし控えることが適切である」という見解をまとめ、科学技術庁（現文部科学省）の研究機関でのヒトクローン研究には研究資金を配分しないことを決めた。これに先立ち、学術審議会は三月の総会で、クローン技術をヒトに応用した研究には科学研究費補助金の交付を認めないことを決めている。また、一九九八年六月科学技術会議は、民間企業や病院も含めてヒトのクローン研究を禁止する内容の中間報告をまとめ、学術審議会も同年七月、大学などの学術研究機関でのヒトのクローン研究を全面的に禁止することを決めた。動物のクローン研究は規制しないが、ヒトでも細胞や組織の培養などは規制対象外としている。当初は国の指針による規制を軸に考えられていたが、法律による規制を求める意見が強くなり、二〇〇〇年一一月三〇日、ヒトの体細胞の核をヒトの卵子に移植したヒトクローン胚などを子宮に移植することを禁じた法律が参院本会議で可決成立した。

クローン技術のヒトへの応用については安全性やその他未解決の問題が残っているので当面禁止とするが、ヒトの細胞や組織を用いる基礎研究や動物への応用は認め、この革新的な技術の進展を図りたいというのが各国の思惑である。ヒトのクローン作成については、安全性以外の問題点として、例えば、親子の関係や家族の概念を混乱させることにつながらないか、クローンをつくる側が生まれてくる子を手段化、道具化することにつながるのではないかという懸念が述べられているが、これらの問題についてはあまり深く論議されないまま、世界各国ともヒトクローン作成を当分禁止することにしているのである。

ここまで、現在の技術でクローン人間がつくれるのかどうか、ヒトのクローン作成に対して各国でどのような対応がとられているのかなどについて述べてきた。中には、不妊治療の目的でヒトのクローンをつくったり、移植用臓器の提供を受けるためにヒトのクローンをつくることなども、医療として正当化する考えもあるからである。人間を手段とするこのようなクローン作成は認められないとしても、クローン技術のどこまでが認められるかは問題になってくるであろう。

第五章2で述べたように、動物で開発されたクローン技術がさまざまな医療に利用されている。倫理がとくに問題になっているものとして、不妊治療のための生殖医療、最近注目されているES細胞を利用した医療、「オーダーメイド医療」に必要となる遺伝子診断などがあるので、これらの倫理的課題について述べることにしたい。遺伝子診断そのものはクローン技術と直接の関係はないが、クローン技術を利用した遺伝子治療のためには必要な技術である。

生殖医療技術における飛躍的進歩

動物の体外受精については第四章2で説明したが、日本でヒトの最初の体外受精児が誕生したのは一九八三年で、これまでにその数は五万人近くにのぼるという。ヒトにおける体外受精は不妊治療のために開発された生殖医療技術であって、当初は女性の卵管の通過性に問題がある場合の治療に行われた。卵巣から採取した卵子に精子を加え、培養器の中のシャーレ内で一晩培養して受精させる。受精卵はこのあとさらに一日培養され、通常四から八細胞の時期に子宮の内腔へ移植されるのである。

この体外受精法はやがて、不妊の原因が男性の精子側にあって、精子の数が著しく少なかったり精子運動性など精子自体の授精能力に問題がある場合の治療にも用いられるようになった。この場合には、卵巣から採取した卵子の細胞質内へ細いガラス管を用いて精子一個を注入して授精（顕微鏡で観察しながら行うので顕微授精という）させ、培養後一定の発生段階に達した受精卵を女性の子宮へ移植する。余剰の良好な受精卵が得られた場合には、それらを凍結保存しておき、妊娠に成功しなかった場合、次回に用いることも試みられている。

以上に述べたような不妊の配偶者間での受精は、配偶者間人工授精（ＡＩＨ）と呼ばれる。男性の精子を体外に取り出して、これを女性の子宮に注入して受精させることを人工授精というが、体外受精も人工授精の一種である。無精子症の場合には、配偶者間での人工授精はできないので、第三者から提供された精子を子宮に注入(人工授精)することになるが、これは非配偶者間人工授精(AID)と呼ばれる。日本では、一九四九年に慶応義塾大学医学部で始められ、一万人以上の子が生まれている。

体外受精が可能となり、この技術の飛躍的な進歩に伴って、外国では第三者の精子、卵子あるいは受精卵を用いて妊娠、出産する事例も多くなった。例えば、①夫以外の男性から提供された精子を子宮に注入(人工授精)する場合(AID)、②夫以外の男性から精子の提供を受けて体外受精を行う場合、③妻以外の女性から卵子の提供を受けて体外受精を行う場合、④あるいは、第三者から提供された精子と卵子で得られた受精卵を夫婦が利用する場合である。⑤このほかに、夫の精子を妻以外の女性の子宮に人工授精して出産してもらう(代理母という)場合と、⑥夫の精子と妻の卵子を体外受精することによって得られた受精卵を妻以外の女性の子宮に移植して出産してもらう(借り腹という―これを代理母と呼んでいる場合もある)場合とがある。

厚生省(現厚生労働省)は一九九九年二〜三月、第三者が介在する生殖医療技術について意識調査を行い、同年五月にその結果を公表している。長野県の産婦人科医が学会が認めていない非配偶者間の体外受精を行ったことを公表したため、厚生省は国としての指針が必要であると判断して、前述の①から⑥までの各技術利用の是非について調査を行ったのである。その結果、一般の人(医師を除く)と不妊患者ともに、各技術をいずれも無条件で「認める」人は一〇%前後、「条件付きで認めていい」とする人は約四〇〜七〇%(①〜⑥の各技術によって数字が異なる)となった。しかし、不妊治療を受けている患者の約五〇%が一般論として各技術の利用を容認しながら、七〇%以上が「配偶者が望んでも利用しない」と答えていることがわかった（一九九九年五月七日付朝日新聞）。

その後生殖医療のあり方を検討してきた厚生省の専門委員会は、二〇〇〇年一二月に最終報告案をまとめた。それによると、不妊のため子供をもてない法律上の夫婦に限り、第三者から提供された精子や卵子を使った体外受精（前述の②③）や受精卵の移殖（④）ができることになった。精子や卵子の提供者は、匿名で無償の第三者が原則であるが、提供者がいない場合には、事前審査のうえ兄弟姉妹などの近親者でも認めるとした。代理母⑤と借り腹⑥はともに禁止。生まれた子どもの出自を知る権利は制限され、個人を特定できない範囲で、提供者が承認した情報に限られるなどが報告書の骨子である。三年以内に必要な制度を整備する予定で、それまでは現在行われているＡＩＤ（①）だけを認めるとしている。

アメリカ、イギリス、フランスと同様、第三者からの精子や卵子、余った受精卵（胚）の提供が認められることになったが、一九九九年の意識調査では、不妊治療を受けている患者の七〇％以上が第三者が介在する治療は利用しないと答えていることは前に述べたとおりである。配偶者双方とも血のつながらない子供は欲しくないということであろうか。

配偶者間の体外受精などの手段では子を得ることが不可能で、配偶者以外の第三者の精子や卵子の提供を受けることも望まない夫婦の場合には、クローン技術を利用しない限りその希望をかなえられないであろう。ヒトのクローンをつくることで、他人の血が混じらず片親と血のつながった子が得られるわけであるが、このようなクローン作成でなく生殖医療に応用することで、より現実的な治療法は考えられないものであろうか。

生殖医療への応用の可能性

核移植には、ドナー細胞として受精卵を用いる方法と体細胞を用いる方法があるが、前者では受精卵が必要になるから、受精卵を得ることができない夫婦にこの方法は適用できない。後者の体細胞を用いた核移植はどうであろうか。この方法では夫か妻の体細胞があればよいので、核移植を行うことが可能で、成功すれば夫婦のどちらかと同じ遺伝子型をもつ子が生まれることになる。現在、この方法をヒトに応用することは禁じられており、早期に具体化するとは考えられない。

受精卵ではないが、卵子の核を用いた核移植で、治療への貢献が期待されている事例がないわけではない。不妊など、原因がごく限られた場合の事例であるが、例えば、高年齢のため卵子の細胞質に問題を抱えている女性や、卵子の細胞質のミトコンドリア遺伝子に変異が認められる女性が子を得たい場合には、これらの女性の卵子から取り出した核を、第三者の除核未受精卵に移植してから、夫の精子と体外受精させるのである。第三者の卵子細胞質の利用が、高年齢の女性では不妊治療に、ミトコンドリアに異常がある女性ではその疾患の治療につながる可能性があるので、実用性の高い治療法として注目されている。いずれの場合も、第三者のミトコンドリア遺伝子が生まれる子に導入されることになるのだが。

体外受精によって受精卵が得られる場合には、受精卵を用いた核移植を不妊患者の介助治療として役立てる方法も考えられている。体外受精によって得られた、例えば八細胞期胚の八個の細胞をドナー細胞として、不妊の女性の未受精卵に核移植し、女性の子宮に移植できる胚の数を増やすのである。継代核移植を行うことにより、さらに胚を増やすことも可能で、これによって体外受精による妊娠率を向上させることができるであろう。

日本国内でも体外受精で生まれる子供の数は毎年増加しており、一九九八年にはこの技術により一万数百人が生まれた。生まれた子供の一二〇人に一人が体外受精という計算になる。一九八三年に日本産科婦人科学会の会告が決められ、体外受精が行われるようになってもう二〇年近くなるのである。この会告の中では、体外受精胚移植、顕微授精、精子、卵子および受精卵を用いる研究などについての指針が規定されている。現在用いられている一般のクローン技術でも、倫理上の問題になる顕微授精（ヒトの手によって選別されたたった一つの精子によって受精が行われることが問題とされる）、受精卵の凍結、凍結して利用しなかった受精卵の廃棄、余った受精卵や卵子の生殖医療研究への利用などは、論議しても簡単には結論の出せない問題ばかりであるが、これらの問題は、体外受精の技術の中で社会的にはすでに容認されているのである。

万能細胞と呼ばれるES細胞

これまで、ES細胞については、核移植（第四章4）、遺伝子組換え（第四章5）、臓器移植、遺伝子治療（第五章2）の各項で、将来にその利用が期待されている未分化の細胞であると紹介した。未分化のまま増殖し続ける細胞であるが、この細胞は多能性をもち、あらゆる臓器や組織をつくる細胞に育つ可能性があることから、「万能細胞」とも呼ばれ注目されていた。一九九八年一一月、アメリカでヒトのES細胞株が初めてつくられてから、ES細胞は今後の「再生医療」を大きく発展させるものとして、にわかに脚光を浴びるようになった。

ＥＳ細胞は胚性幹細胞という用語の略語であって、幹細胞というのは特定の細胞をつくるその元の細胞である。よく知られている幹細胞に造血幹細胞があるが、この細胞からは赤血球や白血球などの血液細胞がつくられるので、造血幹細胞は白血病の治療に利用されている。白血病で骨髄移植するのは、骨髄液の中にある造血幹細胞を移植するためである。造血幹細胞は骨髄に含まれているが、骨髄にはこのほかに骨や筋肉などになる幹細胞も含まれており、脳には神経の幹細胞があることが知られている。ＥＳ細胞は胚細胞をつくる基の細胞といえるもので、胚からは胎児がつくられるから、ＥＳ細胞は動物の体を構成しているいろいろな器官に分化しうる特殊な性質をもった幹細胞といえる。

第四章４、５で述べたように、ＥＳ細胞株は最初マウスで樹立され、その後マウス以外の動物でもいろいろ試みられたものの成功しなかった。しかし先にも述べたように、一九九八年にはアメリカのウィスコンシン大学のトムソンらによって、ヒトのＥＳ細胞株が樹立されたのである。不妊治療で使われなかった体外受精卵の提供を受け、これを胚盤胞の段階になるまで培養したのち、その内部の細胞塊（胎児の体になる細胞）だけを取り出して特殊な条件で培養することにより、ＥＳ細胞を得ることができた。このＥＳ細胞を免疫不全のマウスに注射したところ、消化管、骨や筋肉、神経などの細胞の特徴をもつ腫瘍がつくられ、この細胞が多様な分化能力をもつ万能細胞であることが証明されたのである。

未分化の細胞で、培養の条件によってさまざまな器官に分化しうる能力をもっている点で、ＥＳ細胞は、植物のカルス細胞（第三章２）に類似しているといえよう。

ES細胞を医療に利用する

ES細胞が注目されるのは、この細胞があらゆる種類の臓器や組織の細胞をつくる可能性を秘めていて、病気やけがで傷ついた臓器をES細胞からつくった細胞で置き換えることで、今まで不可能だった治療が可能になると期待されるからである。患者の体細胞（例えば皮膚の細胞）の核を除核卵に移植して胚盤胞の段階にまで培養（いわゆるクローン胚ができる）し、その内部細胞塊を取り出してES細胞をつくる。これを神経など、必要とする細胞に分化させてから移植すると、患者に対する拒絶反応を心配することなく治療を進めることができる（第五章2）。ES細胞を特定の臓器や組織の細胞へ分化させる方法がまだ確立されていないため、各国の研究者はその研究にしのぎを削っているのである。

日本国内では二〇〇〇年九月、京都大学を中心とする研究グループがサルのES細胞株をつくることに成功した。これはアメリカのウィスコンシン大学に次いで世界で二例目であった。現在、このサルのES細胞を大量に確保するための培養技術や、ES細胞から特定の臓器や組織の細胞をつくる技術の開発を目指している。京都大学ではまた、マウスのES細胞を用いた研究でES細胞から血管をつくることに成功しており、この研究は心筋梗塞や動脈硬化などの治療につながることが期待されている。欧米では、神経の病気であるパーキンソン病（脳の神経伝達物質ドーパミンが不足する）を、ヒトのES細胞からつくった神経細胞の移植によって治療する研究が活発に展開されており、日本でも京都大学、大阪大学などがそれぞれの方法で、パーキンソン病の治療を目的とした基礎研究を進めている。大阪大学の研究グループは、マウスのES細胞に遺伝子操作を加え、インスリンを分泌する細胞をつくることに成功したが、これは糖尿病の治療につながる成果といえよう。

これらの治療法は、第五章2で説明した動物の臓器を移植用として用いるいわゆる異種移植や、最近日本でも行われるようになった脳死者からの臓器移植とはカテゴリーがやや異なる新しい治療法であって、損なわれた臓器や組織を再生させるこの医療は「再生医療」と呼ばれる次世代の医療である。ここで利用されているES細胞は、最近注目されている遺伝子治療においても新しい道を開くものと期待されているので、ES細胞の遺伝子治療での利用についても触れておきたい。

マウスのES細胞では、第四章5で述べたように、この細胞へ外来遺伝子を極めて容易に導入することができる。細胞内の特定の遺伝子の機能をなくしたり、別の遺伝子と入れ換えることも可能で、遺伝子操作したこのようなES細胞からマウスをつくることもできる。第五章2で述べたように、アメリカで若山と柳町の研究グループは、特定の遺伝子を導入しておいたマウスのES細胞から取り出した核を除核した卵子に入れ、これを借り腹の雌の子宮へ移植してクローンマウスをつくることに成功し注目された。

若山らがマウスで成功した技術をヒトに応用すると、遺伝病をもった夫婦の体外受精卵からES細胞をつくり、このES細胞で遺伝病の原因となっている異常な遺伝子を正常な遺伝子と取り換え、遺伝子を修復したこのES細胞の核を除核未受精卵に移植して母親の子宮へ戻せば、遺伝病をもたない子が生まれることになる。このような治療法は「究極の遺伝子治療」といわれるが、若山らのクローンマウス作成の成功率はせいぜい一%と低いので、現時点ではヒトに応用することはできない。また世界各国とも、遺伝子治療は遺伝子を体細胞へ導入する場合に限って実施を認めており、卵子や精子、受精卵などの生殖細胞に遺伝子操作を加えることは認めていない。操作の影響が子孫にまで及ぶのを避けるためである。

このようなわけで、ＥＳ細胞を利用した遺伝子治療が近い将来に実現する可能性は低いと考えられるが、ＥＳ細胞を利用した再生医療の場合はどうであろうか。この場合には、つくられた体細胞クローン胚からクローン人間がつくられるのではないかといった懸念のほかに、ＥＳ細胞をつくるために胚を壊すことが本来ヒトになるべき命を奪うことにならないかという懸念があり、研究への規制が当初から論議されてきた。中国など外国では、体細胞クローン胚からＥＳ細胞をつくる研究も始められているが、日本では体細胞の核移植自体が禁じられているため、体細胞クローン胚からつくったＥＳ細胞の研究は当面行えない。ヒトＥＳ細胞を用いる研究が認められても、厳しい条件はつけられる。日本を含めた各国では、ＥＳ細胞研究にどのように対応しているのであろうか。

ＥＳ細胞研究に対する各国の対応

アメリカでトムソンらによって樹立されたヒトＥＳ細胞株は、不妊治療で使われなかった体外受精卵から得られたが、この細胞株は、ウィスコンシン大学の研究者らによって設立された非営利機関によって、入手を希望する大学や研究所へ有償で提供されることが報じられた。すでに日本を含む世界各国から一〇〇件以上の申し込みが殺到していると伝えられるが、成果が上がって実用化した場合に巨額の特許料を払わなければならない。ＥＳ細胞株から臓器や組織の細胞をつくる研究は、従来不可能だった医療を可能にする技術の開発につながる研究でもあることから、ＥＳ細胞株の樹立を含めたＥＳ細胞研究に各国がしのぎを削っているが、その研究が抱える倫理問題についても早くから検討されていた。

　アメリカでは、ヒトＥＳ細胞株樹立の論文が発表された直後から、クリントン大統領の要請により国家生命倫理諮問委員会が検討してきたが、二〇〇〇年八月政府は、ＥＳ細胞の研究を条件付きで認め、政府資金も支出すると発表した。その指針では、研究に用いることのできる細胞は、不妊治療施設などで凍結され捨てられる運命にある胚から得られたものに限定し、胚の提供者への金銭的な報酬を禁じているほか、提供者へのインフォームド・コンセントを徹底して行うことなどが定められている。こうした条件を満たしていれば、公的研究機関は国立衛生研究所（ＮＩＨ）から政府資金を得ることができるが、民間の研究がこのような指針で規制されるわけではない。

　ブッシュ大統領は政権交代後の二〇〇一年八月、すでに作成済みのＥＳ細胞を使う研究に限り、政府資金を提供すると表明しているが、同年一一月の新聞は、アメリカの企業がヒトのクローン胚の作成に成功したことを報じた。ブッシュ政権は、ヒトのクローン胚研究の全面禁止を支持しているため、生命倫理上問題があるとの懸念を表明している。

　日本でも、一九九八年一二月から科学技術会議生命倫理委員会のヒト胚研究小委員会が検討しており、二〇〇〇年三月条件付きでヒトのＥＳ細胞の研究を認める報告書をまとめている。ＥＳ細胞をつくるために使う胚は不妊治療で使われなかったものに限り、ＥＳ細胞をつくる場合には研究機関の審査と国の専門委員会の審査の二重の審査を受ける必要があること、提供者の個人情報を保護すること、受精卵やＥＳ細胞の売買を禁止すること、提供者へのインフォームド・コンセントを徹底すること、などがその指針に盛り込まれている。二〇〇一年九月、文部科学省は指針を施行したが、同年一二月の「特定胚」に関する指針の中で、ヒトのクローン胚形成は当面禁止されている。

イギリスの政府は二〇〇〇年八月、ヒトのES細胞を使った治療研究を認める法案を議会へ提出することを明らかにしていたが、この法案は二〇〇一年一月上院で可決された。クローン人間の作成を前提としない限り、クローン技術で胚を作成し、この胚からES細胞をつくることが認められたが、このような胚の作成が認められたのは先進国で初めてである。フランスでも、ES細胞の研究を認める方向で、生命倫理法の改正案を作成中であるという。

先に述べたように中国では、体外受精で使用されなかった卵子の核を除き、これに別の患者の体細胞を移植してクローン胚を得ることに成功しており、この胚からES細胞をつくり、これを移植用の組織や器官の細胞に分化させる研究に取り組むという。中国政府もクローン人間の作成を禁じているものの、治療を目的とするクローン技術は、国家レベルの重点基礎研究プロジェクトになっている。

各国とも、倫理におけるリスクよりも、ES細胞の研究が社会全体にもたらすメリットのほうが大きいという判断で、ES細胞の研究開発に踏み切ることにしているのである。

ES細胞以外の幹細胞を医療に利用する

万能細胞と呼ばれるES細胞（胚性幹細胞）を使わずに、人体の組織再生を目指す再生医療の研究も進められている。先に述べたように、骨髄の造血幹細胞からは白血球などの血液細胞がつくられるので、白血病の治療のために骨髄移植が行われているが、骨髄に含まれるこのほかの幹細胞（間葉系幹細胞という）からは、骨、軟骨、脂肪、心臓の筋肉、神経などさまざまな細胞がつくられることがわかり、治療の可能性が広がっている。

日本では慶応大学の研究グループが、マウスの骨髄の幹細胞から神経細胞や心臓の筋肉の細胞をつくることに成功しているが、骨髄細胞は患者本人のものを用いると拒絶反応が起こらず、骨髄の採取も容易に行えるという利点をもっている。

イギリスのＰＰＬ社は二〇〇一年二月、ウシの皮膚細胞から心臓の筋肉細胞をつくり出すことに成功したと発表した。この研究では、分化したウシの皮膚細胞を取り出し、その細胞の分化をやや戻して幹細胞にしてから心臓の筋肉をつくったのである。この研究は、ＥＳ細胞を使わなくても、分化した細胞から別の細胞をつくることの可能性を示唆している。

ＥＳ細胞を利用する再生医療では、クローン胚をつくったり胚を壊すなどの倫理的な問題を抱えているが、幹細胞を利用する方法では、このような問題がないこともこの方法の利点といえよう。先に述べたように、文部科学省はＥＳ細胞研究を対象にした指針を公表し、厚生労働省は二〇〇一年二月、ＥＳ細胞だけでなく幹細胞全般の臨床研究を対象にした指針作成のための専門委員会設置を決めている。

オーダーメイド医療と遺伝子診断

ヒトゲノム解析計画が国際協力で進められていることは、第二章8で述べた。この計画は最終的にはアメリカ、イギリスのほか、日本、フランス、ドイツ、中国の公的機関を中心に進められている。中でもアメリカのベンチャー企業セレーラ・ジェノミクス社が、大量の解析装置を稼動させ、二〇〇

○年六月二六日の時点でゲノムの九九％以上を解読し、国際協力で進めている公的研究機関（八六・八％を解読）を追い越すことになった。クリントン大統領は六月二六日、ホワイトハウスで記念式典を開き、国際協力チームとセレーラ社がほぼ解読を終えたことを発表した。

国際協力チームは解読したデータを無償で公開している。セレーラ社は医薬品の開発に結びつく可能性の高い遺伝子は順次特許出願し、データを製薬会社などに提供しているが、有償である。国際協力チームは一民間企業に成果を独占されることを危惧して大規模で解読を進めてきたものの、結局企業に先を越されたのである。国際協力チームのデータの約六七％はアメリカ、約二二％はイギリスが、日本は六～七％の解読を受けもったという。国際協力チームの解読は今後も正確を期してさらに進められ、一〇〇％の解読を二〇〇三年までに完了させることを目指している。

ゲノムの塩基配列が明らかになると、次の焦点はこの中に存在する遺伝子の発見とその機能の解析に移る。遺伝子として機能している部分はゲノムの中の数％以下であるから、塩基配列のどこにどのような遺伝子が存在しているのか特定しなければならない。ヒトの遺伝子のうち病気に関するものは約一〇％とみられているが、企業などが興味をもつのはやはり病気に関連する遺伝子であろう。病気に関連のある遺伝子が発見されると、この遺伝子を標的にした治療薬開発に道が開かれるからである。

個人によってＤＮＡの塩基配列中の一か所だけが異なる個人差部分があることが知られており、この部分が一塩基多型（ＳＮＰ）と呼ばれていることは第二章8で述べた。このようなＳＮＰの中には、糖尿病や高血圧などの病気へのかかりやすさや、抗がん剤などの薬の効果や副作用の強弱などを左右しているものがあると考えられている。ヒトゲノムには三〇〇万とも一〇〇〇万ともいわれる個数の

SNPがあると推定されており、SNPが解析されると、個人の特性に応じた「オーダーメイド医療」と呼ばれる医療が可能になるのである。

患者の体質に合わせて薬や治療法を選ぶ医療は極めて合理的であるから、将来の医療はこのような方法が主流になるであろう。この医療では、患者はまず遺伝子診断を受けなければならない。この診断によって患者は自分の体質に合った治療を受けることができ、また発病前に病気の診断をすることも可能になるので、予防的な処置によって発病を防げる利点もある。しかし、治療法が確立されていない病気もあり、特に重い遺伝病にかかる可能性がある場合には、診断を受けて将来の発病を予測することに意味があるとは思えない。この遺伝子診断に関しては、日本人類遺伝学会によって指針が策定されている。

遺伝子診断で得られた情報

遺伝子診断を行う場合には、医師が患者に十分に説明して患者の同意を得るいわゆるインフォームド・コンセントが必要であり、診断や検査にあたっては、患者の「知る権利」と「知らないでいる権利」の両方が尊重されなければならない。患者は自分の遺伝情報を知る権利があると同時に、知りたくないと考える患者は情報が押しつけられることを拒否する権利ももっているのである。

ハンチントン舞踏病の原因遺伝子をもつ人は、四〇歳頃から身体の動きを止められなくなり、最終的には悲惨な最期を迎える。親がこのような優性の遺伝病である場合、その子が病気の遺伝子を受け継いでいる可能性は五〇％である。自分がいずれ発病するのではないかと悩み、子が生まれるとその子も同じ悩みを抱えることになる。遺伝子診断を受けると、五〇％の確率で異常がないことがわかり、その場合には生まれる子にも異常がないことになる。一方異常がある場合には、自分はやがて発病し、生まれる子が病気の遺伝子を受け継ぐ可能性は五〇％である。遺伝子診断を受けたほうがよいのかどうか、その判断は微妙で難しい。「知る権利」と「知らないでいる権利」は本人が決めることであろう。

遺伝情報は個人のものであり、その情報が外部に漏れ悪用されることがあってはならない。今後遺伝子の研究が進むと、保険に加入する場合に遺伝子診断が義務づけられて差別を受けたり、就職や結婚などでも不利益をこうむる可能性のあることが危惧されている。

アメリカでは、一九九七年七月クリントン大統領が、遺伝情報を理由に保険加入を拒否することがないよう、差別を禁じた法律の制定を議会に求めている。また二〇〇〇年二月には、連邦政府職員の採用や昇進にあたり、遺伝情報による差別を行うことを禁止する大統領令に署名したが、民間に対しても同様の差別を禁ずる法律を制定するよう議会に求めた。

日本でも科学技術会議のヒトゲノム研究小委員会が、二〇〇〇年三月、特定の病気を発症しやすい遺伝子をもっているヒトへの就職や保険加入時の差別を防ぐため、法律の制定を含む実効性のある措置が必要だとする、ヒトゲノム研究素案をまとめている。

遺伝子診断では、遺伝病や染色体異常の診断、がん、糖尿病、高血圧などいわゆる生活習慣病の診断などが行われているが、現在健康である人が将来発病するかどうかを予測できる点に特徴があり、前に述べたハンチントン舞踏病がその例である。同じく遺伝子診断がからんだ方法で、胎児についてその出生前に行われる出生前診断と呼ばれる診断法もある。

出生前診断の是非

妊娠初期に胎児に異常がないかどうかを調べるため、これまでは超音波や染色体による検査が行われてきた。現在は、羊水または絨毛から採取した胎児の細胞で遺伝子診断ができるようになっている。家族に遺伝子の異常が認められている場合など、胎児に異常がある可能性が高い場合に行われる診断である。胎児に異常がみつかった場合、その子を生むかどうかの決断を迫られるが、生まない場合には中絶をしなければならない。中絶については、その是非をめぐって欧米では何十年も議論され、まだ結論は得られていない。受精後のどの段階から人間として認められるのか、結論が得られていないからである。現在、妊娠二二週までの期間での人工妊娠中絶は合法的とされ、出生前診断に基づく妊娠中絶は事実上許容されている。しかし、この診断が、遺伝子に異常が認められる胎児の出産を回避するだけでなく、容姿などを選択するために行われないか危惧されている。

中絶を必要としない着床前診断という方法もある。この方法では、両親からそれぞれ卵子と精子を採取して体外受精させる。受精卵が四～八細胞に分裂したところで細胞の一つを取り出して調べ、異常がなければ残った細胞を子宮に戻して妊娠させるのである。細胞が一つ欠けても生まれる子に異常は認められない。この方法なら中絶せずにすむが、安全性の問題や胚の選別をめぐる倫理的な問題が残る。日本産科婦人科学会は条件付きでこの診断を容認しているものの、学会への申請を義務づけている。

現在のヒト遺伝学では、誰でも一人平均数個の遺伝病の劣性遺伝子をヘテロ状態で確実に保有していると考えられており、障害をもった子がある確率で生まれることは自然と捉えられている。診断により胎児が異常であることがわかっても、それでも生むという選択もあるのである。障害者と家族だけで有形無形のさまざまな負担を負わなくてすむよう、社会的環境が整うことが必要であろう。

新しい医療には新しい倫理を

ここまで、ヒトのクローン作成、生殖医療への応用、再生医療への利用、遺伝子診断など、クローン技術を医療に応用した場合の是非について述べてきた。今後は、ＥＳ細胞の利用などこれから新しく開発される医療にからんだ倫理的課題がクローズアップされてくると思う。

ＥＳ細胞を遺伝子治療に利用する「究極の遺伝子治療」と呼ばれる方法も、やがては技術的に可能になる。知能の向上や好みの容姿獲得などのために、生まれる子を「デザイン」する「遺伝子改良」も、可能になる時代がくるという。遺伝子操作の影響が次世代に及ぶような技術が認められるのかどうか、その判断も迫られるのである。

従来行われてきた遺伝子治療や生殖医療などの技術で問題になった倫理のほかに、今後開発される医療に対しては、また新たな倫理が求められる。

あとがき

植物と動物のクローン技術は、もともと作物、家畜、魚類などの効率的な生産のために開発された技術なので、農業の視点から、動植物でのクローン作成の方法やクローン作成を必要とする理由などについて、第三章と第四章で解説した。

クローン技術そのものは決して新しい技術ではない。動植物の生産性向上のために、植物では一九六〇年代から、動物では一九七〇年代から技術の開発が試みられてきたが、実用化が図られるようになったのは一九八〇年代である。そして、クローン技術に遺伝子組換え技術を組み合わせ、形質転換した動植物を得ることに成功したが、これによってクローン技術は、動植物の効率的な生産のためのみではなく、より優れた形質を動植物に導入するための手段としても利用されるようになったのである。

遺伝子組換え技術そのものはいわゆるクローン技術ではない。しかし、遺伝子組換え技術によって形質転換した動植物を得る場合には、クローン技術を欠くことができないから、遺伝子組換え技術とクローン技術は不可分の関係にあるということができよう（第一章３）。

遺伝子組換え技術を組み合わせたクローン技術は、動植物の生産に利用されるだけでなく、医薬などの有用物質を生産するためにも利用されていることは第五章１で述べた。クローン技術は、動植物の生産に利用した場合の農業上の利点だけでなく、これを医薬品などの生産に利用した場合の医薬品産業上の利点も大きいことがわかったのである。医薬が動物を利用してつくられていることはある程度知られていても、植物を利用して医薬をつくる研究が進められていることはあまり知られていないであろう。しかし、畑で医薬品をつくるいわゆる分子農業（第五章1）の実現は、決して夢ではなくなっているのである。

「まえがき」で、植物と動物とでは操作の技術に違いはあるものの、クローン技術としての利用面や抱えている問題点に案外共通したところがみられると述べた。なぜなら、植物、動物、ヒトのいずれもが、共通の祖先から進化してそれぞれが現在の姿になったわけであって、ヒトを含むこれらの生物の間で用いられている遺伝情報には同じ暗号が使われている（第二章5）ことを考えると、植物と動物とでクローン技術における利用面や問題点に共通したところがみられても不思議ではないからである。

動物のクローン技術は、当然ヒトにも応用可能で、医療にも利用されている（第五章2）ため、さまざまな倫理問題を抱えている。同じく、植物のクローン技術を利用した遺伝子組換え作物は、食品としての安全性など遺伝子操作にかかわる倫理的課題を抱えている。動物でも将来遺伝子を組み換えた家畜の肉や乳が食品として流通するようになった場合には、遺伝子組換え作物の場合と同様に、その安全性が問題になるとされている。

最終章（第六章）では、このような倫理的課題をとりあげ、植物や動物のクローン技術のどこに問題があり、それに対してどのような処置がとられているのかなどの点について、かなりの頁数を割いた。しかし、倫理は時代とともに変わるものであり、新しい技術に対しては新しい倫理が必要であるから、次々に開発される新しい技術に対しては、生命倫理のほかに、さまざまな分野の研究者を含めた場での議論が肝要となるであろう。生命倫理の諸問題に対応するために、国際的に統一された倫理基準をつくることが国際生命倫理サミット（一九九八年一一月）の場で提唱されているので、その成り行きにも注目したいと思う。

最近、再生医療でよく話題になるES細胞（胚性幹細胞）は、家畜の育種や増殖のために古くから研究が行われているので、第五章2と第六章2で医療への応用やその問題点についても説明したが、この分野は日進月歩であるため、先端的な研究についての記述はなるべく避けるよう心がけた。

最近の生命科学で話題になるクローン人間、遺伝子組換え作物、ES細胞、幹細胞、再生医療、遺伝子治療、ゲノム解析などについて本書でも述べたが、とくに意識してこれらの問題をとりあげたわけではない。動植物の古くからのクローン技術が現在の新しい生命科学の技術に利用されてゆく説明の中で、必然的に記述したのである。動植物のクローン技術の基礎と、幅広い分野での応用の可能性を理解していただければと願っている。

本書を脱稿するにあたり、第一、四、五章と第六章2については東京農業大学生物産業学部動物バイオテクノロジー研究室、伊藤雅夫教授に、第一、二、三章と第六章1については同大学応用生物科学部植物遺伝子工学研究室、池上正人教授に草稿に目を通していただいた。また、本書の刊行にあたっては、技報堂出版の宮本佳世子さんに何かとお世話になった。これらの方々に対し、心から感謝の意を表したいと思う。

二〇〇二年二月

下村　徹

参考文献

池上正人ほか『バイオテクノロジー概論』朝倉書店、一九九五年
石島芳郎編『動物バイオテクノロジーの基礎実験』三共出版、一九九五年
今井裕『クローン動物はいかに創られるのか』岩波書店、一九九七年
今本文男『The遺伝子—最新分子生物学の潮流』共立出版、一九九八年
大澤勝次『図集・植物バイテクの基礎知識』農文協、一九九四年
岡田吉美『DNA農業』共立出版、一九九七年
加藤尚武『脳死・クローン・遺伝子治療』PHP研究所、一九九九年
鎌田博・原田宏『植物のバイオテクノロジー』中央公論社、一九八五年
クローン技術研究会『クローン技術』日本経済新聞社、一九九八年
G・コラータ、中俣真知子訳『クローン羊ドリー』アスキー、一九九八年
榊佳之『人間の遺伝子』岩波書店、一九九五年
下村徹『バイオテクノロジーの基礎理論』誠文堂新光社、一九九八年
L・M・シルヴァー、東江一紀ほか訳『複製されるヒト』翔泳社、一九九八年
R・G・スティーン、小出照子訳『DNAはどこまで人の運命を決めるか』三田出版会、一九九八年
隆島史夫『魚の養殖最前線』裳華房、一九九〇年
寺園慎一『人体改造』日本放送出版協会、二〇〇一年
中内光昭『クローンの世界』岩波書店、一九九九年
長嶋比呂志『動物の人工生殖』裳華房、一九九〇年

中村桂子『食卓の上のＤＮＡ』早川書房、一九九九年
中村祐輔・中村雅美『ゲノムが世界を支配する』講談社、二〇〇一年
日本農芸化学会編『遺伝子組換え食品』学会出版センター、二〇〇〇年
橋本康ほか『植物種苗工場』川島書店、一九九三年
本庶佑『遺伝子が語る生命像』講談社、一九八六年
松原謙一・中村桂子『生命のストラテジー』岩波書店、一九九〇年
松原謙一・中村桂子『ゲノムを読む』紀伊國屋書店、一九九六年
三位正洋『夢の植物をつくる』裳華房、一九九一年
山田康之・佐野浩編『遺伝子組換え植物の光と影』学会出版センター、一九九九年
米本昌平『クローン羊の衝撃』岩波書店、一九九七年

索　引

あ行

か行

さ行

著者紹介

下村　徹（しもむら・とおる）

1951年，東北大学農学部卒業
東北大学大学院前期特別研究生，名古屋大学助手を経て，1963年農林省に出向.
植物ウイルス研究所室長，オランダ国立農科大学客員研究員，野菜試験場部長などを歴任.
1989年，東京農業大学生物産業学部教授（生物工学研究室）
1997年，同大学客員教授(動物バイオテクノロジー研究室)，東京医薬専門学校非常勤講師.
現在に至る.
組織・細胞培養系を用いた植物ウイルスの感染と治療に関する研究や，動植物のクローン研究に携わってきた.
農学博士．日本植物病理学会賞受賞
主著『バイオテクノロジーの基礎理論』誠文堂新光社，1998年
『増補園芸植物の器官と組織の培養』誠文堂新光社，1985年（共著）
『最新植物工学要覧』R&Dプランニング，1989年（共著）

クローンのはなし
──応用と倫理をめぐって

定価はカバーに表示してあります

2002年3月20日　1版1刷発行

ISBN 4-7655-4432-X C1345

著　者　下　村　　徹
発行者　長　　祥　隆
発行所　技報堂出版株式会社
〒102-0075　東京都千代田区三番町 8-7
（第25興和ビル）
電　話　営業　(03)(5215) 3 1 6 5
　　　　編集　(03)(5215) 3 1 6 1
FAX　(03)(5215) 3 2 3 3
振 替 口 座　0 0 1 4 0-4-1 0
http://www.gihodoshuppan.co.jp

日本書籍出版協会会員
自然科学書協会会員
工 学 書 協 会 会 員
土木・建築書協会会員

Printed in Japan

装幀 海保　透　　印刷・製本 東京印刷センター